Die Entropietafel für Luft

und ihre Verwendung zur Berechnung der
Kolben- und Turbo-Kompressoren

Von

P. Ostertag

Dipl.-Ing., Direktor des kant. Technikums
Winterthur

Dritte, verbesserte Auflage

Mit 21 Textabbildungen und
2 Diagrammtafeln

Springer-Verlag Berlin Heidelberg GmbH 1930

Additional material to this book can be downloaded from http://extras.springer.com

ISBN 978-3-662-36108-5 ISBN 978-3-662-36938-8 (eBook)
DOI 10.1007/978-3-662-36938-8

**Alle Rechte, insbesondere das der Übersetzung
in fremde Sprachen, vorbehalten.**

Vorwort.

Das Bedürfnis nach einem einfachen und übersichtlichen Verfahren zur Berechnung der Kompressoren besteht unvermindert fort und hat zu einer neuen Auflage geführt, der wieder zwei Entropietafeln beigegeben sind. Um die Darstellung aller Vorgänge einheitlich zu gestalten und das Verständnis für den Entropiebegriff zu erleichtern, ist in beiden Tafeln die Temperatur in Funktion des Entropiewertes aufgetragen worden (TS-Tafel). Tafel I ist für mäßige Druck- und Temperaturgrenzen entworfen, wobei die spezifische Wärme als unverändert angenommen werden darf; diese Tafel eignet sich vorzugsweise für den Entwurf von Turbokompressoren.

Da heute Kolbenmaschinen bis zu 1000 at Enddruck gebaut werden, genügt die einfache Zustandsgleichung in jenen Druckgebieten nicht mehr, deshalb sind die genaueren Zusammenhänge zu benützen, obschon die physikalischen Grundlagen in jenen Gebieten noch nicht völlig bekannt und abgeklärt sind. In der Tafel II sind diese Verhältnisse soweit wie möglich berücksichtigt; sie enthält Kurven gleicher Wärmeinhalte, womit die Veränderlichkeit der spezifischen Wärme zu erkennen ist.

Über die Verwendbarkeit der Tafeln geben die einzelnen Abschnitte und namentlich die beigefügten Beispiele Auskunft. Man wird darin die ungemein rasche Lösung aller einschlägigen Fragen erkennen, insbesondere auch die Klarheit in der Darstellung der Vorgänge. Die behandelte Methode dient nicht nur zur Entwurfsberechnung, sondern sie gestattet, die auf dem Versuchsstand abgelesenen Meßwerte in die Tafel einzureihen und in gegenseitige Beziehung zueinander zu bringen.

Winterthur, im Dezember 1929. P. Ostertag.

Inhaltsverzeichnis.

	Seite
I. Grundgesetze	1
1. Zustandsgleichung für ideale Gase	1
2. Zustandsgleichung für hohe Drücke und Temperaturen	1
3. Wärmegleichung	3
4. Zahlwerte der spezifischen Wärme	4
5. Entropie	5
II. Zustandsänderungen	8
6. Vorgang bei unveränderlichem Volumen	8
7. Zustandsänderung bei konstantem Druck (Isobare)	8
8. Zustandsänderung bei konstanter Temperatur (Isotherme)	9
9. Zustandsänderung bei konstanter Entropie (Adiabate)	11
10. Polytropische Zustandsänderung	12
11. Bemerkungen über umkehrbare Zustandsänderungen	16
12. Nicht umkehrbare Zustandsänderungen	17
13. Ausflußgesetze	18
III. Berechnung der Kolbenkompressoren	22
14. Theoretischer Arbeitsvorgang im einstufigen Kompressor	22
15. Schädlicher Raum	23
16. Mehrstufige Kompressoren	26
17. Die wirklichen Vorgänge mit Rücksicht auf die Nebenerscheinungen	29
18. Luftpumpen für Unterdruck	34
IV. Berechnung der Turbokompressoren	36
19. Druckerhöhung im Schaufelrad	36
20. Mehrstufige Turbogebläse ohne Kühlung	39
21. Einwirkung der Kühlung innerhalb einer Stufe	41
22. Mehrstufige Kompressoren mit vollkommener Kühlung	42
23. Unvollkommene Kühlung	43
24. Reibung der umlaufenden Radscheibe	47

I. Grundgesetze.

1. Zustandsgleichung für ideale Gase.

Der Zustand eines Gases ist bestimmt durch Angabe des Druckes p, der Temperatur t und des Rauminhaltes v der Gewichtseinheit (spezifisches Volumen). Diese drei Größen sind erfahrungsgemäß nicht unabhängig voneinander, sondern es besteht zwischen ihnen die allgemeine Zustandsgleichung, die sich in der einfachsten Form schreiben läßt

$$pv = RT. \tag{1}$$

Hierin bedeutet

$$T = 273 + t$$

die absolute Temperatur und R die sog. Gaskonstante. Sie beträgt für trockene atmosphärische Luft

$$R = 29{,}27,$$

wenn der Druck in kg/m² eingesetzt wird. Da der Druck p und die Temperatur t in den meisten Fällen leicht gemessen werden können, dient Gl. (1) vorwiegend zur Berechnung des spezifischen Volumens v, das in m³/kg erhalten wird. Statt v wird oft das Gewicht der Raumeinheit γ angegeben (spezifisches Gewicht)

$$\gamma = \frac{1}{v}.$$

Nimmt ein Gas vom Gewicht G den Raum V ein, so ist

$$G = \gamma V = \frac{V}{v}. \tag{2}$$

Bei Kolbenkompressoren kann die Temperatur der Luft im Zylinder während des Ganges nicht gemessen werden. Kennt man aber das in der Zeiteinheit durch die Maschine fließende Luftgewicht G, so erhält man mit dem augenblicklichen Raum V das spezifische Volumen und aus der Zustandsgleichung die Temperatur.

2. Zustandsgleichung für hohe Drücke und Temperaturen.

Für die meisten Anwendungen im Gebiet der Kompressoren ist die gewöhnliche Zustandsgleichung (1) für ideale Gase genügend genau, wenigstens solange die Drücke im Bereich der häufig vorkommenden Werte (bis etwa gegen 10 ata) bewegen und die Temperaturen zwischen 0 und 100° verbleiben.

Einen genaueren Zusammenhang zwischen den Zustandsgrößen gibt die Gleichung von van der Waals, deren allgemeiner Ausdruck lautet

$$\left(p + \frac{a}{v^2}\right)(v - b) = RT,$$

2　Grundgesetze.

hierin ist für trockene Luft ungefähr zu setzen

$$R = 29{,}3, \qquad a = 14, \qquad b = 0{,}001,$$

wenn p in kg/m², v in m³/kg und T in ° C abs. eingesetzt wird.

Diese Beziehung ist von Seligmann[1] mit den Ergebnissen der neuesten Versuche in Einklang gebracht worden und hat die Form angenommen

$$\left[p + \frac{a}{(v+h)^2}\right](v-b) = RT, \qquad (3)$$

hierin ist der Wert a eine Funktion von T, und zwar

$$a = d - mT + \frac{n}{T}, \qquad (4)$$

wobei für Luft

$$R = 29{,}3 \qquad b = 0{,}00096 \qquad h = 0{,}00025$$
$$d = 14 \qquad m = 0{,}019 \qquad n = 610.$$

Aus dieser Gleichung läßt sich der Druck p leicht ausrechnen, wenn v und T bekannt sind, dagegen ist die Berechnung von v aus den anderen Größen unbequem. Die Aufgabe löst sich am besten in der Weise, daß Kurven gleichen Druckes gezeichnet werden, wobei die Temperaturen als Abszissen und die spezifischen Volumen als Ordinaten aufgetragen sind. Die Zahlentafel 1 gibt hierfür einige Werte, aus welchen auch die bedeutenden Abweichungen der Werte v gegenüber den Werten v_{id}, die aus der gewöhnlichen Gl. (1) folgen. Damit ist die Abweichung $\Delta v = \frac{v - v_{id}}{v}$ (vH) bestimmt.

Zahlentafel 1. Zustandswerte für Luft.

	$t = -50°$				$t = \pm 0°$		
p ata	v m³/kg	v_{id} m³/kg	Δv vH	p ata	v m³/kg	v_{id} m³/kg	Δv vH
50	0,0123	0,01306	−5,8	50	0,016	0,016	0
100	0,0059	0,00654	−9,8	100	0,008	0,008	0
200	0,0030	0,00327	−8,0	200	0,0040	0,0040	0
300	0,0024	0,00218	+9,4	300	0,0030	0,0026	13,4
400	0,0020	0,00164	+18,0	400	0,00245	0,0020	18,4
600	0,00156	0,00109	+30	600	0,00195	0,00133	32
800	0,00150	0,00081	+46	800	0,00170	0,0010	41
	$t = +50°$				$t = +100°$		
50	0,019	0,019	0	50	0,0222	0,0219	1,3
100	0,0096	0,00946	1,5	100	0,0113	0,0109	3,5
200	0,0049	0,00473	3,5	200	0,0059	0,00548	6,8
300	0,0036	0,00316	12	300	0,0042	0,00365	13,0
400	0,00287	0,00237	17,4	400	0,00334	0,00273	18,2
600	0,00225	0,00158	29,8	600	0,00252	0,00182	27,8
800	0,00192	0,00118	38,5	800	0,00215	0,00137	36,4
	$t = +200°$				$t = +300°$		
50	0,0284	0,0277	2,3	50	0,0345	0,0336	2,6
100	0,0145	0,0139	4,4	100	0,0176	0,0168	4,5
200	0,0076	0,00694	8,7	200	0,0092	0,0084	8,7
300	0,00535	0,00462	13,7	300	0,0065	0,0056	13,8
400	0,0042	0,00346	17,6	400	0,0051	0,0042	17,7
600	0,00312	0,00230	26,4	600	0,0037	0,0028	24,5
800	0,00256	0,00173	32,5	800	0,0030	0,0021	30,4

---

[1] Z. ges. Kälteind. 1924, H. 11.

3. Wärmegleichung.

Führt man einem Gas Wärme zu, ohne daß die eingeschlossene Menge ihr Volumen vergrößern kann, so wird diese Wärme als innerer Energievorrat aufgespeichert. Er macht sich nach außen fühlbar durch eine Temperaturerhöhung dT, die bei Luft angenähert proportional der Wärmezufuhr ist. Zur Erhöhung der Temperatur um 1^0 C sei die Wärme c_v nötig (spezifische Wärme bei konstantem Volumen), dann beträgt die Zunahme dU des inneren Wärmevorrates von 1 kg Gas

$$dU = c_v \cdot dT.$$

Diese Zunahme an fühlbarer Wärme hat erfahrungsgemäß bei jeder beliebigen Zustandsänderung den mitgeteilten Betrag, wenn dabei die Temperaturerhöhung dT auftritt, einerlei, ob das Volumen gleich bleibt oder nicht.

Soll dem Gas Wärme zugeführt werden, ohne daß für gleichbleibendes Volumen Sorge getragen wird, so hat man sich das unter Druck stehende Gas durch einen gleich großen äußeren Druck im Gleichgewicht zu denken; etwa in der Art, daß an beliebig vielen Stellen der Wandung reibungslose und belastete Kolben den Abschluß bilden. Alsdann läßt sich beobachten, daß nicht nur die Temperatur steigt, sondern daß sich das Gas auch ausdehnt durch Auswärtsschieben der Kolben. Bei dieser Volumenvergrößerung dv erfährt jeder Kolben f die Verschiebung ds, so daß

$$dv = f \cdot ds.$$

Diese Volumenvergrößerung ist nur möglich, wenn das Gas die Arbeit dL nach außen abgibt zur Überwindung des auf dem Kolben lastenden Druckes p. Es ist demnach die Kraft pf auf dem Weg ds zu überwinden, daher

$$dL = p \cdot f \cdot ds = p \cdot dv.$$

Die während der ganzen Änderung zu leistende Arbeit hat die Form

$$L = \int p \cdot dv. \qquad (5)$$

Der Zusammenhang zwischen p und v wird im sog. pv-Diagramm als Drucklinie sichtbar gemacht. Die Arbeit L ist dort als Fläche dargestellt.

Von der zugeführten Wärme wird der Teil dU zur Temperaturerhöhung verwendet, der Rest leistet die Arbeit dL. Nun entsteht bei der Verwandlung von Wärme in Arbeit aus jeder Wärmeeinheit eine mechanische Arbeit von 427 mkg. (Erster Hauptsatz der Wärmelehre.) Umgekehrt verlangt jede Arbeitseinheit von 1 mkg eine Wärme von $A = \frac{1}{427}$ kcal. Hierbei ist als technische Wärmeeinheit diejenige Wärme gemeint, die nötig ist, um 1 kg Wasser von 0^0 auf 1^0 C zu bringen.

Soll nun das Gas die äußere Arbeit dL leisten, so ist die gleichwertige Wärme $A \cdot dL$ zuzuführen. Der ganze Wärmebedarf für Temperaturerhöhung und Ausdehnung beträgt somit

$$dQ = dU + A\,dL$$
oder
$$dQ = c_v\,dT + A\,p\,dv. \qquad (6)$$

Die Benützung dieser sog. Wärmegleichung auf Zustandsänderungen mit bestimmten Druck- und Temperaturgrenzen kann erst erfolgen, wenn die Art der Änderung bekannt ist.

Von besonderem Interesse ist der Wärmeübergang, wenn der Druck unveränderlich bleibt, während sich das spezifische Volumen von v_1 auf v_2 ändert. Die nach außen abgegebene Arbeit ist in diesem Fall

$$L = \int p\,dv = p(v_2 - v_1)$$

oder mit Benützung der einfachen Zustandsgleichung (1) für den Anfangs- und Endzustand
$$L = R(T_2 - T_1).$$

Diese Gleichung zeigt die physikalische Bedeutung der Gaskonstanten. Führt man nämlich nur so viel Wärme zu, daß sich dieses eine Kilogramm Gas in der Temperatur um 1° C erhöht, so folgt für $T_2 - T_1 = 1°$ C
$$L = R,$$
d. h. die Gaskonstante ist diejenige Arbeit, die 1 kg Gas leistet, wenn es um 1° C bei konstantem Druck erwärmt wird. Man nennt diese besondere Wärmemenge die **spezifische Wärme** c_p **bei konstantem Druck**.

Benützt man die Wärmegleichung mit diesem Wert c_p statt mit dQ und setzt $dT = 1°$ C; ferner $L = R$, so erhält man für diesen Sonderfall den Ausdruck
$$c_p = c_v + AR, \tag{7}$$
womit der Zusammenhang zwischen c_v und c_p festgelegt ist.

Eine andere Form dieser Beziehung folgt durch Einführung des Verhältnisses
$$k = \frac{c_p}{c_v},$$
$$c_v = \frac{AR}{k-1}, \tag{8}$$
$$c_p = \frac{k}{k-1} \cdot AR. \tag{9}$$

4. Zahlenwerte der spezifischen Wärme.

Innerhalb mäßiger Druck- und Temperaturgrenzen sind die Werte für c_p und c_v annähernd als unveränderlich anzusehen. Es gilt dies für Drücke bis zu etwa 10 ata, ferner für Temperaturen bis etwa 100°. Für Luft kann als Mittelwert zwischen 20 und 100° genommen werden
$$c_p = 0{,}241,$$
damit erhält man
$$c_v = 0{,}241 - \frac{29{,}27}{427} = 0{,}172$$
und
$$k = \frac{0{,}241}{0{,}172} = 1{,}4.$$

Arbeitet der Prozeß in höheren Temperaturgebieten, so nimmt die spezifische Wärme größere Werte an. Für vorliegende Zwecke genügt es, nach der linearen Gleichung zu rechnen
$$c_p = c_{p0} + bt, \tag{10}$$
worin für Luft zu setzen ist
$$c_{p0} = 0{,}239, \qquad b = 0{,}000035.$$

Es beträgt z. B. das Mittel aus den Temperaturen 20 und 100 60°, demnach ist
$$c_p = 0{,}239 + 0{,}000035 \cdot 60 = 0{,}241.$$
was mit dem bereits genannten Mittelwert übereinstimmt. Bei Kolbenkompressoren wird wohl eine Temperatur von 300° zu den Höchstwerten gerechnet werden können. Nehmen wir an, ein solcher Prozeß bewege sich zwischen 100 und 300°, so ist mit $t = 200°$
$$c_p = 0{,}239 + 0{,}000035 \cdot 200 = 0{,}246.$$

Die Steigerung zufolge der Temperatur ist also nicht bedeutend. Stärker macht sich der Einfluß des Druckes geltend, wenigstens bei den außerordentlich hohen Werten, die in neuester Zeit in Hochdruckanlagen erreicht werden.

Die von Holborn und Jakob in der Physikalischen Reichsanstalt Berlin durchgeführten Versuche bei $+60°$ und bis zu 300 ata haben zu folgender Formel geführt

$$10^4 \cdot c_p = 2413 + 2{,}86\, p + 0{,}0005\, p^2 - 0{,}00001\, p^3,$$

worin p in ata einzusetzen ist.

Damit ergeben sich folgende Zahlen:

$p =$	10	25	50	100	150	200	300	ata
$c_p =$	0,244	0,249	0,255	0,269	0,282	0,292	0,303	kcal/kg

5. Entropie.

Eine Wärmezufuhr bedeutet für einen Körper eine Erhöhung seiner Arbeitsfähigkeit, der Körper besitzt nun einen Energievorrat gegenüber seiner Umgebung in Form von Wärme. Je heißer der Wärmeträger, desto höher ist der Wert der zur Arbeitsleistung verfügbaren Wärme. Die Temperatur ist demnach als Intensität dieser Energieform aufzufassen, ähnlich wie der Druck des eingeschlossenen gespannten Wassers oder die Gefällshöhe eines Stauweihers.

Als Folge dieser Erfahrungstatsache läßt sich eine Wärme dQ aufbauen aus zwei Faktoren, der eine ist die Temperatur T; dem andern Energiefaktor hat man den Namen „Entropie-Zuwachs" ds gegeben; er ist erklärt durch die Beziehung

$$dQ = T \cdot ds$$

oder für eine endlich begrenzte umkehrbare Zustandsänderung

$$s_2 - s_1 = \int \frac{dQ}{T}.$$

Dieser Begriff entspricht z. B. der Menge des unter Druck eingeschlossenen Wassers oder dem Gewicht der im Stausee aufgespeicherten Menge.

Für vorliegende Zwecke ist die geometrische Darstellung der Wärme-Energie von Wichtigkeit. Bildet man ein schmales Rechteck von der Breite ds und der Höhe T, so bedeutet der Flächeninhalt die Wärme dQ, die bei dieser Temperatur T im Prozeß auftritt. Diese Darstellung entspricht dem Arbeitsdiagramm, das den Volumenzuwachs dv als Abszisse und den Druck p als Ordinate enthält.

Um ein Entropiediagramm zeichnen zu können, muß der Entropiezuwachs zwischen einem Anfangs- und einem Endwert berechnet werden. Es geschieht dies durch Benützung der Wärmegleichung und der Zustandsgleichung. Nehmen wir zunächst c_v und c_p als unveränderlich an, wie dies für mäßige Temperatur- und Druckgrenzen gestattet ist, so folgt

$$s_2 - s_1 = \int \frac{dQ}{T} = c_v \int \frac{dT}{T} + A \int \frac{p\,dv}{T},$$

$$s_2 - s_1 = c_v \ln \frac{T_2}{T_1} + A R \ln \frac{v_2}{v_1}. \tag{11}$$

Eine zweite Form ergibt sich unter Benützung von Gl. (1) und (7)

$$s_2 - s_1 = c_p \ln \frac{T_2}{T_1} - A R \ln \frac{p_2}{p_1} \tag{11a}$$

und eine dritte Form durch Wegschaffen von $\frac{T_2}{T_1}$:

$$s_2 - s_1 = c_p \ln \frac{v_2}{v_1} + c_v \ln \frac{p_2}{p_1}. \tag{11b}$$

Mit Hilfe dieser drei Gleichungen ist die beiliegende Entropietafel I für unveränderliche Werte c_v und c_p hergestellt worden. Zu diesem Zweck wählt man einen

Anfangszustand (p_1, T_1, v_1) und berechnet für $v_2 = v_1 =$ konst. zu verschiedenen Ordinaten T_2 die Abszissen $s_2 - s_1$. Damit ergibt sich eine Linie, von der jeder Punkt den Zustand der Luft bei konstantem spezifischem Volumen v_1 und bei verschiedenen Temperaturen anzeigt.

Für ein anderes spezifisches Volumen unterscheiden sich die Abszissen $s_2 - s_1$ laut Gl. (11) nur durch das bei verschiedenen Ordinaten T_2 gleichbleibende zweite Glied. Mit einem andern Wert v_2 ergibt sich somit eine zweite Linie, deren Abszissen um gleiche Beträge abstehen von der ersten usw. Die Punkte je zweier Linien, die in der Folge „v-Linien" genannt werden sollen, sind — wagrecht gemessen — in gleichen Abständen.

In ähnlicher Weise kann Gl. (11 a) benützt werden, um die „p-Linien" zu zeichnen. Es sind dies Linienscharen, deren Punkte ebenfalls wagrecht in gleichen Abständen und weniger steil verlaufen als die v-Linien. Die p-Linien sind in den Tafeln ausgezogen, die v-Linien gestrichelt.

In jedem Schnittpunkt einer p-Linie mit einer v-Linie kann p, v und t unmittelbar abgelesen werden. Die drei zugehörigen Werte müssen der Zustandsgleichung genügen. Für Punkte zwischen zwei Linien lassen sich ihre entsprechenden Werte p und v leicht abschätzen.

Unter Umständen gibt diese Schätzung doch nicht genügend genaue Werte, man kann aber eine genauere Methode anwenden zur Ermittlung der Werte p, v, wenn sie zwischen den gezeichneten Linien liegen. Zu diesem Zweck sind in die erste Entropietafel zwei Hilfskurven eingezeichnet. Die eine geht von links oben nach rechts unten (bezeichnet mit „Funktion p", sie ist entstanden durch Abtragen der Drücke als Ordinaten (Maßstab 1 mm = 0,01 at) in Funktion der zugehörigen Entropiewerte, die bereits als Abszissen vorhanden sind. Die andere Hilfskurve der „Funktion v" (Ordinatenmaßstab 1 mm = 0,002 m³/kg) verläuft von rechts oben nach links unten und gibt die spezifischen Volumen in Funktion der entsprechenden Entropiewerte.

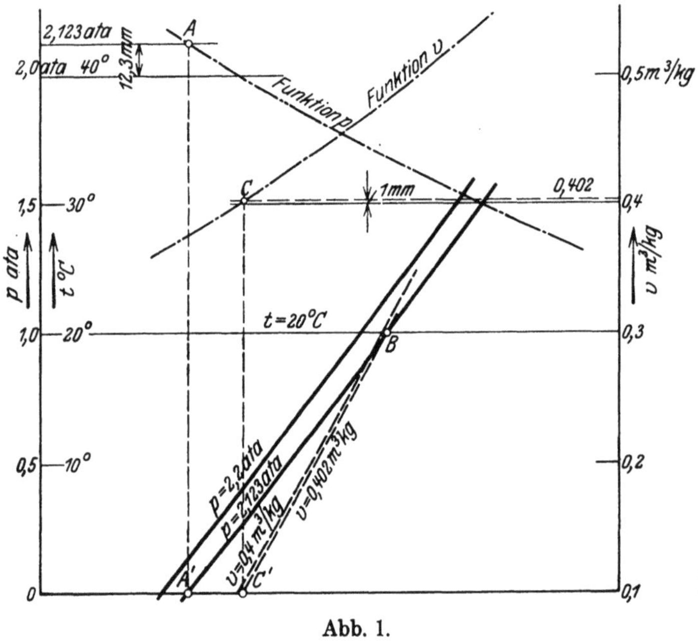

Will man z. B. den Punkt $t = 20°$, $p = 2,123$ ata aufsuchen, so ist auf der Ordinatenachse von $p = 2$ ata aufwärts der Rest 0,123 at = 12,3 mm abzutragen (Abb. 1) und auf dieser Höhe wagrecht in die p-Hilfskurve einzuschneiden — Punkt A. Auf der Abszissenachse senkrecht unter A liegt A' als Anfangspunkt der genauen p-Linie, die nun eingezeichnet werden kann, da ihre Punkte wagrecht äquidistant zu einer vorhandenen p-Linie

Abb. 1.

liegen. Ihr Schnitt B mit der Linie $t = 20°$ gibt den gesuchten Zustandspunkt.

Diese gleiche Methode kann in umgekehrtem Sinn benützt werden, um hierzu den genauen Wert des spezifischen Volumens zu bestimmen. Man zieht durch den gefundenen Punkt B die v-Linie bis zum Schnitt C' mit der Abszissenachse und von dort die Senkrechte bis zum Schnitt C mit der Hilfskurve, seine Ordinate gibt das gesuchte spezifische Volumen. In unserem Fall liegt C gerade 1 mm über der Ordinate 0,4, somit ist

$$v = 0.4 + 0.002 = 0.402 \text{ m}^3/\text{kg}.$$

Die Entropietafel I erstreckt sich in einem Druckbereich von 1 bis etwa gegen 10 at und in einem Temperaturbereich von 0 bis etwa 100°. Sie eignet sich hauptsächlich zur Berechnung von Kolben- und Turbogebläsen, wo mäßige Temperaturerhöhungen auftreten. In den hier angenommenen Grenzen dürfen die spezifischen Wärmen als unveränderlich angenommen werden. Infolgedessen verlaufen die Kurven wagrecht äquidistant. Der wagrechte Abstand beträgt in jeder beliebigen Höhenlage

$$s_2 - s_1 = A R \ln \frac{p_2}{p_1},$$

z. B. zwischen $p_1 = 1$ ata und $p_2 = 10$ ata

$$s_2 - s_1 = \frac{29{,}27 \cdot 2{,}303}{427} \cdot \text{Log } 10 = 0{,}158.$$

In der Tafel II sind dieselben Größen als Abszissen und Ordinaten aufgetragen (TS-Tafel) wie in Tafel I. Der Unterschied gegenüber der Tafel I besteht darin, daß die Grenzen viel weiter gezogen sind, wie dies der heutige Stand des Kompressorenbaues verlangt. Die Drücke erreichen die Höhe von 1000 ata, die Temperaturen sind bis zu 350° sichtbar gemacht. Um auch Aufgaben im Gebiet der tiefen Temperaturen lösen zu können, sind die Kurven nach unten bis zu $-100°$ verlängert worden.

Berücksichtigt man den Einfluß der Temperatur auf die spezifische Wärme und schreibt Gl. (10) in der Form

$$c_v = a + bT,$$

worin für Luft

$$a = 0{,}239 - AR - 273 \cdot b = 0{,}162,$$

so ist

$$dQ = (a + bT)dT + A p \, dv,$$

$$ds = a \frac{dT}{T} + b \, dT + A R \frac{dv}{v},$$

$$s_2 - s_1 = a \ln \frac{T_2}{T_1} + b(T_2 - T_1) + A R \ln \frac{v_2}{v_1}, \qquad (12)$$

worin die Zustandsgleichung für ideale Gase benützt worden ist. Will man die genauere Zustandsgleichung einführen, so wird die Beziehung wesentlich verwickelter. Der Einfluß macht sich erst bei hohen Drücken geltend.

Rechnet man die Entropiewerte für gleiche Druckverhältnisse aus, so würden nach der einfachen Gl. (11) alle gleich groß ausfallen. Mit Berücksichtigung der genaueren Beziehungen ergeben sich die in Zahlentafel 2 enthaltenen Veränderungen.

Zahlentafel 2.

Entropiewerte für das Druckverhältnis 5/1								
$p_1 =$ $p_2 =$	0,5 2,5	1,0 5,0	5,0 25	10 50	50 250	100 500	200 1000	ata ata
$\Delta s = \ (t = -100°)$	0,114	0,115	0,120	0,138				
$\Delta s = \ (t = \pm 0°)$	0,110	0,110	0,116	0,121	0,138	0,145	0,146	
$\Delta s = \ (t = +200°)$	0,107	0,110	0,112	0,114	0,119	0,123	0,126	

Man ersieht hieraus, daß der Einfluß der Druckgrenzen bei tiefer Temperatur am stärksten ist und sich nach oben zu abschwächt.

Um die veränderlichen Werte von c_p in Tafel II sichtbar zu erhalten, sind Kurven konstanter Wärmeinhalte

$$\Delta i = c_p \cdot \Delta t$$

eingetragen. Diese Kurven liegen in den Beträgen $\Delta i = 10$ kcal/kg auseinander. Man erhält demnach die spezifische Wärme c_p an irgendeiner Stelle der Tafel, wenn man den senkrechten Abstand Δt zweier i-Kurven voneinander an jener Stelle abmißt und den Wert $\Delta i = 10$ durch diesen Abstand dividiert.

II. Zustandsänderungen.

6. Vorgang bei unveränderlichem Volumen.

Diese Zustandsänderung wird in jeder der beiden TS-Tafeln durch eine v-Linie dargestellt. Der Anfangszustand des Gases sei gegeben durch den Punkt A_1 (Abb. 2), seine Ordinate gibt die Temperatur t_1, die p-Linie durch A_1 entspricht dem Anfangsdruck und die v-Linie durch A_1 dem spezifischen Volumen. Ihre Zahlenwerte sind an den betreffenden Kurven angeschrieben.

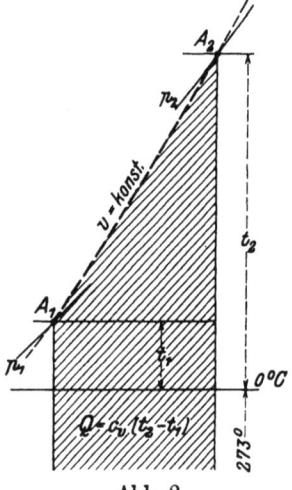

Abb. 2.

Soll das Gas auf den Enddruck p_2 gebracht werden, ohne daß sich das Volumen ändert, so ist eine bestimmte Wärme zuzuführen, falls $p_2 > p_1$, im anderen Fall ist diese Wärme abzuleiten. Dieser Vorgang läßt sich in der Entropietafel darstellen, und zwar ergibt sich zu dem eingetragenen Anfangspunkt A_1 der Endpunkt A_2 als Schnitt der v-Linie mit der p_2-Linie. Die zur Änderung nötige Wärme ist als (schraffierter) Flächenstreifen dargestellt, der durch das benützte Stück $A_1 A_2$ der v-Linie und durch die Ordinaten in A_1 und A_2 begrenzt ist.

Man kann diese Wärme durch Ausmessen der Fläche mit dem Planimeter bestimmen und wird diese Methode in den Gebieten hoher Drücke anwenden, wo die spezifische Wärme c_v andere Werte besitzt. Für ideale Gase berechnet sich die Wärme einfach aus

$$Q = c_v (t_2 - t_1), \tag{13}$$

worin innerhalb weiter Druck- und Temperaturgrenzen für Luft

$$c_v = 0{,}17$$

gesetzt werden darf.

Es ist hierbei ausdrücklich zu betonen, daß die berechnete Wärme sich auf die Menge 1 kg bezieht.

Verläuft die Zustandsänderung umgekehrt von A_2 nach A_1, so ist die gleich große Wärme abzuleiten.

7. Zustandsänderung bei konstantem Druck.

(Isobare.)

Diese Zustandsänderung wird in beiden Entropietafeln durch eine p-Linie dargestellt. Der Anfangszustand sei gegeben durch den Punkt A_1 (Abb. 3) mit den Werten d, t_1, v_1. Für die Bestimmung des Endzustandes ist nur noch eine Größe zu wählen, etwa das spezifische Volumen v_2. Damit ergibt sich der Endpunkt A_2 als Schnitt der p-Linie mit der v_2-Linie.

Wird eine Vergrößerung des Volumens vorausgesetzt ($v_2 > v_1$, Expansion), so liegt die v_2-Linie rechts von der v_1-Linie und der Endpunkt A_2 höher als A_1. Mit der Volumenzunahme ist also auch eine Temperaturzunahme verbunden. Der zu diesem Vorgang nötige Wärmeaufwand ist als Flächenstreifen unter dem ausgenützten Stück $A_1 A_2$ der p-Linie dargestellt, gemessen bis zur Achse durch den absoluten Nullpunkt. Auch hier kann die Fläche mit dem Planimeter umfahren werden, um die Wärme zu bestimmen.

Innerhalb mäßiger Druck- und Temperaturgrenzen genügt es, den Wärmebedarf aus der Wärmegleichung zu berechnen.

$$Q = c_v(t_2 - t_1) + AL = c_p(t_2 - t_1). \qquad (14)$$

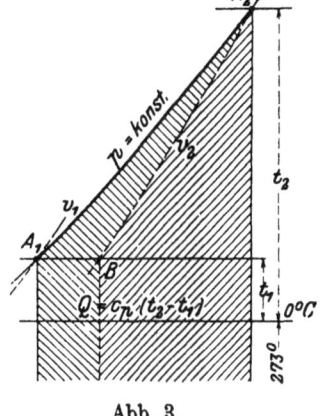

Abb. 3.

Die beiden Bestandteile dieser Wärme sind in Abb. 3 sichtbar. Zieht man nämlich durch A_2 die v_2-Linie bis zum Schnitt B mit der Wagrechten durch A_1 und durch B die Senkrechte abwärts, so ist die Abtrennung vollzogen. Der unter $A_2 B$ liegende Flächenstreifen bedeutet die zur Temperaturerhöhung allein nötige Wärme $c_v(t_2 - t_1)$, der Rest stellt den Wärmewert der nach außen abgegebenen Arbeit dar.

Bei der umgekehrten Zustandsänderung muß Q abgeführt werden und es ist die Verdichtungsarbeit L zu leisten. Dieser Vorgang findet statt, wenn die im Kompressor auf den Druck p gebrachte Luft sich im Behälter auf die Anfangstemperatur abkühlt, bevor sie zu den Verbrauchstellen abfließt.

8. Zustandsänderung bei gleichbleibender Temperatur.
(Isotherme.)

In der TS-Tafel wird diese Zustandsänderung dargestellt als wagrechte Gerade. Findet eine Volumenzunahme (Expansion) statt von einem Anfangsvolumen v_1 auf ein Endvolumen v_2 (Abb. 4), so sind mit diesen zwei Zahlen in Verbindung mit der bekannten Temperatur t der Anfangs- und der Endpunkt A_1 und A_2 bestimmt. Legt man durch diese Punkte die p-Linien, so lassen sich Anfangs- und Enddruck p_1 und p_2 ablesen. Da die spezifischen Volumen auf jeder Wagrechten von links nach rechts in gleicher Progression wachsen wie die Pressungen von rechts nach links, so folgt hieraus, daß das Produkt aus Druck mal Volumen unveränderlich bleibt, was auch aus der Zustandsgleichung hervorgeht.

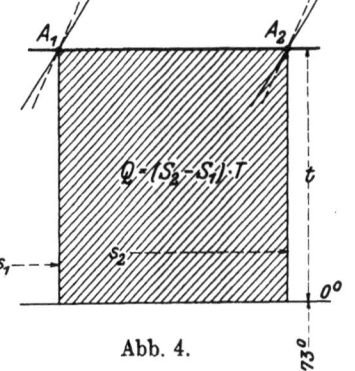

Abb. 4.

Bei der Ausdehnung hat die Entropie von s_1 auf s_2 zugenommen, wobei beide Werte von ein und demselben beliebig gewählten Punkt aus zu messen sind.

Bei unveränderlicher Temperatur fällt das erste Glied der Wärmegleichung außer Betracht; die ganze zugeführte Wärme wird somit zur Leistung der absoluten Gasarbeit verwendet. Sie ist in der TS-Tafel dargestellt als Inhalt des Rechtecks unter der Zustandslinie $A_1 A_2$ und wird nach Ablesen der Breite des Rechtecks bestimmt aus

$$Q = AL = (s_2 - s_1)T. \qquad (15)$$

Bei der isothermischen Ausdehnung wird die ganze zugeführte Wärme in Arbeit umgesetzt; von allen überhaupt möglichen Umsetzungen gibt die Isotherme die größte Arbeit.

Verläuft die Zustandsänderung umgekehrt von A_2 nach A_1 (Kompression), so ist von allen überhaupt möglichen Umsetzungen hier die kleinste Arbeit nötig, um den Druck p_2 auf p_1 zu erhöhen. Aus diesen Tatsachen lassen sich für die Erklärung des Entropiebegriffes folgende zwei Sätze aufstellen, je nachdem eine Ausdehnung oder eine Verdichtung zugrunde gelegt wird:

Die Entropie des Punktes A_2 (bezogen auf A_1) ist derjenige Leistungsfaktor, der mit der absoluten Temperatur in A_2 die größte vom Gas zu leistende Arbeit (in Wärmeeinheiten) ergibt, wenn der Zustand A_1 auf A_2 verändert wird. Oder: Die Entropie des Punktes A_1 (bezogen auf A_2) ist derjenige Leistungsfaktor, der mit der absoluten Temperatur in A_1 die kleinste Arbeit ergibt, die mindestens an das Gas abgegeben werden muß, um es vom Zustand A_2 auf A_1 zu bringen.

In den Gl. (11) finden sich zur Berechnung der Entropie nur Größen, die dem Anfangs- und Endzustand angehören. Hieraus folgt, daß die Entropie unabhängig ist vom Wege, auf dem das Gas vom einen zum anderen Zustand übergeführt wird. Die Entropie des Punktes A_2 gegenüber A_1 ist also ein weiteres Kennzeichen von A_2, wie dies p_2, v_2, T_2 sind.

Für alle Druckintervalle erhält man die Arbeit der isothermischen Zustandsänderung als Inhalt des Rechteckes, das zwischen Anfangs- und Endpunkt liegt (Gl. 15). Man kann diese Arbeit auch berechnen unter Benützung der genaueren Zustandsgleichung (3), wenn man sie in die allgemeine Form der Arbeitsgleichung

$$L = \int_{v_1}^{v_2} p \cdot dv$$

einsetzt. Die Zustandsgleichung (3) lautet

$$p = \frac{RT}{v-b} - \frac{a}{(v+h)^2};$$

mit $a =$ konst. erhält man

$$L = RT \int_{v_1}^{v_2} \frac{dv}{v-b} - a \int_{v_1}^{v_2} \frac{dv}{(v+h)^2}$$

$$= RT \ln \frac{v_2 - b}{v_1 - b} - \frac{a}{v_2 + h} + \frac{a}{v_1 + h},$$

$$L = RT \ln \frac{v_1 - b}{v_2 - b} + \frac{a}{v_2 + h} - \frac{a}{v_1 + h}. \tag{16}$$

1. Beispiel: Es soll die Arbeit berechnet werden, um 1 kg Luft ($t = 20^0$) von $p_1 = 1$ ata auf $p_2 = 300$ ata isothermisch zu verdichten.

Aus der Zustandsgleichung (3) ist

$$v_1 = 0{,}86 \text{ m}^3/\text{kg}, \qquad v_2 = 0{,}0032 \text{ m}^3/\text{kg}$$
$$a = 14{,}0 - 0{,}019 \cdot 293 + 610/293 = 10{,}53$$

$$AL_{is} = \frac{29{,}3 \cdot 293 \cdot 2{,}303 \cdot 2{,}583}{427} + \frac{10{,}53}{427 \cdot 0{,}00345} - \frac{10{,}53}{427 \cdot 0{,}863} = 126{,}3 \text{ kcal/kg}.$$

Für ideale Gase ergibt die gewöhnliche Rechnung

$$AL = ART \cdot \ln \frac{p_2}{p_1} = \frac{29{,}3 \cdot 293 \cdot 2{,}303 \cdot 2{,}477}{427} = 114{,}5 \text{ kcal/kg}.$$

Die genauere Formel gibt demnach einen um 10,6 vH größeren Wert als die gewöhnliche Rechnungsweise.

Mit der Gl. (16) lassen sich die Entropiewerte zwischen beliebigen p-Linien einer Wagrechten berechnen.

9. Zustandsänderung bei unveränderter Entropie.
(Isentrope oder Adiabate.)

Soll sich der Entropiewert des Gases bei einem Vorgang nicht ändern, so darf ein Übergang von Wärme (Zuführung oder Ableitung) während des ganzen Verlaufes nicht auftreten, denn mit
$$ds = 0$$
wird auch
$$dQ = T \cdot ds = 0.$$

Diese Zustandsänderung zeichnet sich demnach in der Entropietafel als eine Gerade parallel zur Ordinatenachse.

Betrachten wir zuerst eine Volumenvergrößerung (Expansion) und nehmen an, ein Gas vom hohen Druck p_1 und der hohen Temperatur T_1 dehne sich vom Volumen v_1 auf v_2 aus, so ist der Anfangspunkt A_1 (Abb. 5) gegeben. Der Endpunkt A_2 des Vorganges liegt senkrecht unter A_1 auf der v_2-Linie. Mit A_2 ist auch der Enddruck p_2 und die zugehörige Temperatur T_2 abzulesen. Statt des Volumens v_2 kann der Druck p_2 vorgeschrieben werden.

Da die Endtemperatur T_2 bedeutend kleiner ist als T_1, muß Wärme verschwunden sein; sie ist aber nicht abgeleitet, sondern zur Arbeitsleistung verwendet worden. Man erhält diese Ausdehnungsarbeit aus der Wärmegleichung, wenn darin $Q = 0$ gesetzt wird:
$$Q = c_v(T_2 - T_1) + AL_a = 0$$
oder
$$AL_a = c_v(T_1 - T_2), \qquad (17)$$

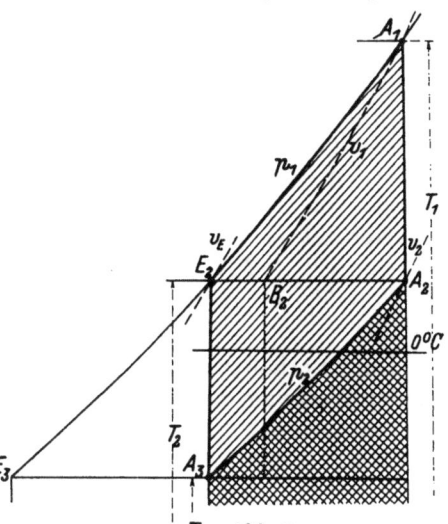

Abb. 5.

d. h. bei der adiabatischen Expansion wird die ganze der Temperatursenkung entsprechende Wärme nach außen als Arbeit abgegeben. Diese Zustandsänderung ist daher die günstigste, um den im Gas enthaltenen Wärmevorrat in Arbeit umzusetzen.

Man erhält auch hier die Gasarbeit als das Produkt zweier Faktoren. Durch das Ablesen der Endtemperatur ist es möglich, die Arbeit ohne Berechnung von Potenzen mit gebrochenen Exponenten zu ermitteln.

In der TS-Tafel ist der Wärmewert AL_a der Ausdehnungsarbeit dargestellt als Flächenstreifen unter der Strecke $A_1 B_2$ der v_1-Linie, die durch den Punkt A_1 gelegt ist. Setzt man dieser adiabatischen Ausdehnung eine solche unveränderlichen Druckes voran, so ist der Anfangszustand durch den Schnittpunkt E_2 der p_1-Linie mit der Wagrechten durch A_2 dargestellt. Diese Zustandsänderung erfordert die Wärme $c_p(T_1 - T_2)$, damit die Temperatur T_2 auf T_1 steigt. Hiervon wird $(c_p - c_v)(T_1 - T_2)$ als Gleichdruckarbeit nach außen abgegeben, und es bleibt im Zustand A_1 die Wärme $c_v(T_1 - T_2)$ übrig, die nun durch die adiabatische Ausdehnung von A_1 nach A_2 in Arbeit umgesetzt wird. Erhält somit das gespannte Gas die Wärme $c_p(T_1 - T_2)$ bei unveränderlichem Druck und führt es alsdann eine adiabatische Ausdehnung von A_1 nach A_2 auf die Anfangstemperatur T_2 aus, so wird die ganze zugeführte Wärme in Arbeit umgesetzt. Diese Gesamtarbeit ist gleich dem Unterschied der Wärmeinhalte

$$AL = c_p(T_1 - T_2). \qquad (18)$$

Bei Luftkompressoren verläuft die behandelte Zustandsänderung umgekehrt. Soll Luft vom Anfangszustand A_2 adiabatisch verdichtet werden, so ist an eigentlicher Kompressionsarbeit nötig

$$AL_a = c_v(T_1 - T_2).$$

Hierzu kommt die Gleichdruckarbeit zum Ausstoßen des Gases in den Druckbehälter, in dem sich die Luft auf die Anfangstemperatur T_2 abkühlen kann, ohne daß der Druck sinkt. Diese Gleichdruckarbeit hat wieder den Betrag $(c_p - c_v)(T_1 - T_2)$, so daß die gesamte Betriebsarbeit auf 1 kg Luft gleich der Zunahme des Wärmeinhaltes ist:

$$AL = c_p(T_1 - T_2).$$

Die im Druckbehälter unter dem Endzustand E_2 aufbewahrte verdichtete und abgekühlte Luft kann nun in einem Luftmotor verwendet werden, um eine adiabatische Expansion auszuführen, wobei der Druck p_1 auf den Außendruck p_2 sinkt. Sieht man von Druckverlusten in den Leitungen ab, so ergibt sich als Linie der Ausdehnung die Senkrechte $E_2 A_3$ (Abb. 5); die Luft hat am Ende die tiefe Temperatur T_3 angenommen und die Arbeit $c_p(T_2 - T_3)$ geleistet.

Nun wird die Luft in die freie Atmosphäre ausgestoßen, sie nimmt dort bei gleichbleibendem Druck so viel Wärme auf, als soeben in Wärme umgesetzt wurde (Zustandsänderung $A_3 A_2$) und gelangt wieder in den Anfangszustand A_2, von dem aus dieselbe Menge von neuem in den Kompressor gelangen kann. Damit ist ein umkehrbarer Kreisprozeß ausgeführt. Dem Kompressor ist die Arbeit L zuzuführen und ihr Wärmewert $c_p(T_1 - T_2)$ zu entfernen (/////////). Im Luftmotor wird die Wärme $c_p(T_2 - T_3)$ als Arbeit erhalten (\\\\\\\\\ ) und der ausgeströmten Luft wieder zugeführt.

Da die erhaltene Arbeit stets kleiner ist als die aufgewendete, kann das Verhältnis beider Werte als der thermische Wirkungsgrad des Kreisprozesses bezeichnet werden:

$$\eta = \frac{c_p(T_2 - T_3)}{c_p(T_1 - T_2)}. \tag{19}$$

Zähler und Nenner dieses Bruches sind aus den Tafeln unmittelbar abzustechen.

Die Arbeit des Luftmotors ist in Abb. 5 dargestellt als Flächenstreifen unter $E_2 E_3$, der inhaltsgleich ist dem Streifen unter $A_3 A_2$. Der Kreisprozeß wird durch die beiden Adiabaten $A_2 A_1$ und $E_2 A_3$, sowie durch die beiden p-Linien $A_1 E_2$ und $A_3 A_2$ begrenzt. Der Flächeninhalt dieses geschlossenen Linienzuges bedeutet den Arbeitsverlust des ganzen Vorganges, d. h. den Mehraufwand an Arbeit im Luftkompressor gegenüber der erhaltenen Arbeit im Luftmotor.

In der Luft-Kältemaschine findet der besprochene Kreisprozeß seine Anwendung; die im Druckluftmotor auf die tiefe Temperatur T_3 gebrachte Luft ist befähigt, Wärme aus der Umgebung in sich aufzunehmen und dadurch die Kälteleistung zu erzeugen.

10. Polytropische Zustandsänderung.

Die bisher behandelten Zustandsänderungen lassen sich als Sonderfälle eines allgemeinen Vorganges auffassen, der verschiedenen Verlauf annehmen kann, je nachdem während der Änderung Wärme zu- oder abgeführt wird.

Dehnt sich ein Gas von bekannten Verhältnissen (p_1, v_1, t_1) derart aus, daß der Enddruck einen kleineren Wert p_2 annimmt (Abb. 6), so erfolgt diese Zustandsänderung adiabatisch von A_1 nach D, wenn kein Wärmeübergang stattfindet, dabei wird im ganzen die Wärmefläche unter $A_1 E$ in Arbeit umgesetzt.

Wird dem Gas während der Ausdehnung diejenige Wärme von außen zugeführt, die in jedem Augenblick in Arbeit umgewandelt wird, so bleibt die Temperatur und der Wärmeinhalt unverändert, diese Zustandsänderung verläuft isothermisch von A_1 nach E_1.

Wird aber weniger Wärme zugeführt, als zur isothermischen Ausdehnung nötig ist, so verläuft der Vorgang zwischen der Isotherme $A_1 E_1$ und der Adiabate $A_1 D$ und kann je nach der Verteilung dieser Wärme irgendwelche Gestalt nehmen. Durch diese Wärmezuleitung sinkt die Temperatur nicht so stark wie bei adiabatischer Ausdehnung. Bringt man die Wärmegleichung (6) in die Form

$$AL = Q + c_v(T_1 - T_2), \qquad (20)$$

so ist ersichtlich, daß stets die ganze zugeführte Wärme Q und außerdem noch ein Teil $c_v(T_1 - T_2)$ des Wärmeinhaltes in Arbeit umgesetzt wird.

Am einfachsten für die Berechnung und Darstellung ist die Annahme, die Polytrope verlaufe im TS-Diagramm geradlinig, Strecke $A_1 A_2$ (Abb. 6). Der Endpunkt A_2 ist bestimmt, sobald zum Druck p_2 noch die Temperatur T_2 oder das spezifische Volumen v_2 bekannt sind. Die während der Ausdehnung einzuführende Wärme ist dargestellt als Flächenstreifen unter der Geraden $A_1 A_2$ (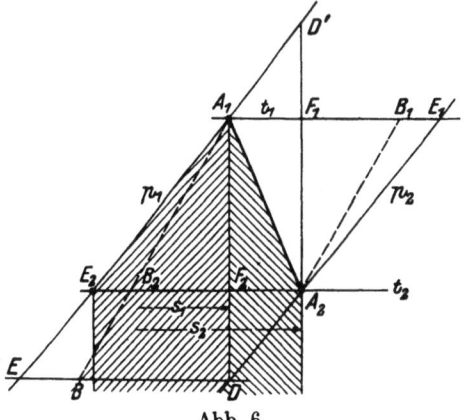). Damit ist die Art dieser

Abb. 6.

Wärmezufuhr sichtbar gemacht, und zwar nehmen die Temperaturen mit Zunahme der Entropie stetig ab.

Die Größe dieser Wärme ergibt sich mit dem Entropieunterschied $s_2 - s_1$ zwischen A_2 und A_1 als Inhalt des Trapezes unter $A_1 A_2$:

$$Q = (s_2 - s_1)\left(\frac{T_1 + T_2}{2}\right). \qquad (21)$$

Dieser Betrag ist um $c_v(T_1 - T_2)$ zu vermehren, um die eigentliche Ausdehnungsarbeit zu erhalten, dazu kommt ferner die Gleichdruckarbeit $(c_p - c_v)(T_1 - T_2)$, so daß die Gesamtarbeit die Größe annimmt

$$AL = c_p(T_1 - T_2) + (s_2 - s_1)\left(\frac{T_1 + T_2}{2}\right). \qquad (22)$$

Das erste Glied ist in Abb. 6 dargestellt als Fläche unter $A_1 E_2$ (▨); das zweite Glied ist — wie schon erwähnt — die während der Ausdehnung zugeführte Wärme, die ebenfalls Arbeit leistet.

Soll die umgekehrte Zustandsänderung stattfinden, d. h. soll die Luft mit den Verhältnissen p_2, v_2, T_2 auf p_1 verdichtet werden, so ist die kleinste Arbeit nötig, wenn die Kompression isothermisch von A_2 nach E_2 erfolgt. Dies ist aber nur möglich, wenn die in jedem Augenblick eingeführte Arbeit als Wärme durch das Kühlwasser entzogen wird.

Wird nun weniger Wärme entzogen, so steigt die Temperatur, aber doch nicht so hoch als bei adiabatischer Kompression. Die Zustandslinie läuft alsdann schräg aufwärts ($A_2 A_1$, Abb. 6) und die unter ihr liegende Fläche stellt die während der Kompression abgeleitete Wärme dar (▨). Der andere Teil der entstandenen Wärme (▨) trägt die Luft in den Druckbehälter, wo sie an die Umgebung abfließt. Die gesamte Betriebsarbeit ist wieder die unter dem Linienzug $A_2 A_1 E_2$ liegende Fläche.

Will man eine beliebige Zustandslinie (Polytrope A_1A_2, Adiabate A_1D oder Isotherme A_1E_1) in das pv-Diagramm übertragen, so kann dies ganz allgemein punktweise dadurch geschehen, daß man eine Schar von p-Linien zwischen den Linien p_1 und p_2 zieht, in den Schnittpunkten mit den Polytropen die Ordinaten T abliest und mit p und T aus der Zustandsgleichung die Werte v findet, falls diese nicht mit genügender Genauigkeit aus der Entropietafel selbst abgelesen werden können. Dieses Verfahren zur Bestimmung der Koordinaten p und v ist genauer als irgendwelche graphischen Methoden und läßt sich für beliebig gestaltete Polytropen anwenden. Umgekehrt kann jedes Indikatordiagramm auf diese Weise in das Entropiediagramm übertragen werden.

Innerhalb enger Druckgrenzen kann der Zusammenhang zwischen der Polytrope A_1A_2 im Entropiediagramm und der Gleichung $pv^m = $ konst. derselben Polytrope im pv-Diagramm wie folgt bestimmt werden:

Bei mäßigen Druckunterschieden ist die spezifische Wärme fast konstant, die p-Linien verlaufen alsdann — wagrecht gemessen — in gleichen Abständen, der zwischen p_1 und p_2 den Betrag $-AR\ln\frac{p_2}{p_1}$ hat. Daher ist aus Gl. (11a) mit Benützung der Abb. 6

$$A_1E_1 = A_2E_2 = -AR\ln\frac{p_2}{p_1}.$$

In gleicher Weise ist nach Gl. (11)

$$A_1B_1 = A_2B_2 = AR\ln\frac{v_2}{v_1}.$$

Bezeichnet man das Verhältnis beider Strecken mit m, so folgt

$$\frac{A_1E_1}{A_1B_1} = \frac{A_2E_2}{A_2B_2} = \frac{\ln\frac{p_1}{p_2}}{\ln\frac{v_2}{v_1}} = m,$$

oder

$$p_1v_1^m = p_2v_2^m = \text{konst}.$$

Zieht man demnach durch den Anfangspunkt A_1 die p-Linie und die v-Linie, bis sie sich mit den Wagrechten durch A_2 schneiden, so ergeben sich zwei Abschnitte A_2E_2 und A_2B_2, deren Verhältnis als Exponent der Gleichung für die Polytrope gefunden wurde. Dasselbe gilt auch für die p- und v-Linien durch A_2.

Je schräger die Zustandslinie A_1A_2 verläuft, je mehr sich also der Punkt A_2 dem Punkt E_1 nähert, desto mehr nähert sich die Polytrope der Isothermen. Im Grenzfall fällt A_2 und B_1 nach E_1 und es ist $m = 1$. Je steiler die Linie A_1A_2 verläuft, je mehr also A_2 nach D rückt, desto mehr nähert sich die Polytrope der Adiabaten. Fällt im Grenzfall A_2 mit D zusammen, so ergeben sich nach Gl. (11) und (11a) für die Entropiewerte des Punktes A_1 von E und B aus gerechnet, zu

$$DB = c_v\ln\frac{T_2}{T_1}, \qquad DE = c_p\ln\frac{T_2}{T_1},$$

das Verhältnis ist demnach

$$\frac{DE}{DB} = \frac{c_p}{c_v} = k,$$

das ist der Exponent der Gleichung der adiabatischen Linie im pv-Diagramm.

Wie schon betont, gilt dieses Ergebnis nur innerhalb mäßiger Druckunterschiede. Setzt man das Verfahren für weitere Druckunterschiede fort, so zeigt sich, daß das Verhältnis m etwas zunimmt im Sinne des abnehmenden Druckes.

Will man das Verfahren umgekehrt anwenden unter Annahme eines unveränderlichen Wertes m, so erhalten die Strecken $A_1 A_2$ in den einzelnen Druckabschnitten eine zunehmende Neigung im Sinne des abnehmenden Druckes. Diese Abweichungen sind aber derart gering, daß für die Anwendungen unbedenklich der geradlinige Verlauf der Polytrope im Entropiediagramm angenommen werden darf. In den arbeitenden Maschinen kommen überdies Nebeneinflüsse zur Geltung, die den Exponenten m veränderlich werden lassen, so daß die Linie $A_1 A_2$ gekrümmt ausfällt.

Eine andere polytropische Zustandsänderung entsteht dadurch, daß während der Ausdehnung Wärme entzogen wird. In diesem Fall verläuft die Zustandslinie links von der Adiabaten, die sich als Senkrechte durch den gegebenen Anfangspunkt A_1 ziehen läßt (Abb. 7). Die während der Ausdehnung von A_1 nach A_2 abzuführende Wärme ist als Flächenstreifen unter $A_1 A_2$ dargestellt ( ) und wird nicht in äußere Arbeit umgesetzt. Der Wärmewert $c_p(T_1 - T_2)$ ist also um diesen Streifen zu verkleinern, um die in äußere Arbeit umgewandelte Wärme zu erhalten ( ). Für diesen Fall ist der Exponent der Drucklinie größer als $k = 1,4$.

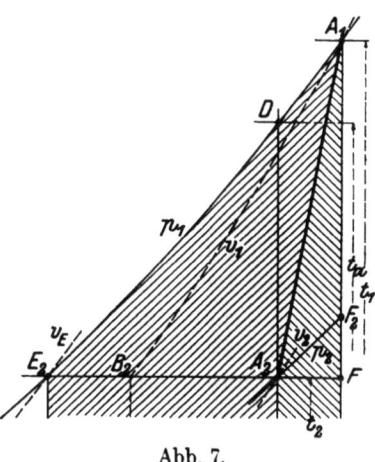

Abb. 7.

Vollzieht sich diese Zustandsänderung im umgekehrten Sinn, so lassen sich zwei Fälle unterscheiden:

Denkt man sich den Mantel und den Kolben eines Kolbenkompressors derart geheizt, daß die Kompression nach der Geraden $A_2 A_1$ (Abb. 7) erfolgen kann, so ist der gesamte Arbeitsbedarf gleichwertig dem Wärmeinhalt von A_1 gegenüber A_2, vermindert um die Fläche unter $A_1 A_2$. Dieses Ergebnis folgt aus der Wärmegleichung. Um es unmittelbar aus der Abbildung einzusehen, ist nur nötig, die Fläche unter $A_1 A_2$ in schmale, senkrecht verlaufende Streifen eingeteilt zu denken. Dann läßt sich die tatsächliche Zustandsänderung $A_2 A_1$ ersetzen durch eine Summe von adiabatischen Verdichtungen und zwischenliegenden isothermischen Ausdehnungen. Erstere ergeben den Gesamtbetrag $c_p(T_1 - T_2)$, letztere bedeuten in ihrer Gesamtfläche die zugeführte Wärme, deren Arbeitswert von der adiabatischen Arbeit abzuziehen ist, da sie als Ausdehnungsarbeit zurückgewonnen wird. Aus der Abbildung ist ersichtlich, daß diese Mantelheizung schädlich ist, indem die Kompressionsarbeit gegenüber der Adiabate $A_2 D$ vergrößert wird um das Stück $A_2 D A_1$.

Eine zweite Möglichkeit, die Verdichtung nach der Linie $A_2 A_1$ (Abb. 7) durchzuführen, besteht darin, daß die Wärme nicht als solche von außen zugeführt wird, sondern daß sie während der Kompression als Reibungswärme im Innern entsteht, z. B. durch Reibung und Stoß der Luft im Laufrad eines Turbogebläses. In der Darstellung Abb. 7 ändert sich dabei nichts, nur ist die unter der Linie $A_2 A_1$ liegende Wärmefläche als Arbeit von außen zuzuführen. Der Wärmewert der Gesamtarbeit beträgt nun $c_p(T_1 - T_2)$ ohne irgendwelchen Abzug und wird dargestellt durch die ganze Fläche unter $A_1 E_2$.

Da diese Arbeit größer ist als diejenige der adiabatischen, d. h. reibungsfreien Kompression zwischen denselben Druckgrenzen, so gibt das Verhältnis beider Wärmen den Wirkungsgrad der Energieumsetzung an; man nennt dieses Verhältnis kurz den adiabatischen Wirkungsgrad

$$\eta_{ad} = \frac{c_p(t_a - t_2)}{c_p(t_1 - t_2)}. \tag{23}$$

Dieser Wert kann aus jeder der beiden Tafeln unmittelbar abgestochen werden, wenn die Zustandslinie $A_2 A_1$ gegeben ist. Umgekehrt ergibt sich für einen gewählten Wirkungsgrad η_{ad} die Neigung der Strecke $A_2 A_1$, wenn Anfangspunkt A_2 und Enddruck p_1 gegeben sind.

Benützt man die im Druckbehälter aufgespeicherte Luft (Zustand E_2) in einem Luftmotor, so erfolgt im besten Falle eine adiabatische Ausdehnung auf den Anfangsdruck p_2, und es wird schließlich wieder der Anfangspunkt A_2 erreicht, wie dies mit Abb. 5 gezeigt wurde. Geschieht nun die neue Verdichtung nach der Polytropen $A_2 A_1$, so verlangt jeder einzelne Kreisprozeß einen Mehrbedarf an Arbeit um den Flächenstreifen unter $A_1 D$ (Abb. 7). Der Kreisprozeß weicht daher um dieses Stück vom umkehrbaren ab. Diese Abweichung ist durch die Breite $A_2 F$ des Streifens gekennzeichnet, um dieses Stück ist die Entropieänderung des Kompressors größer als die des Motors. Für den umkehrbaren Prozeß (Abb. 5) sind beide Entropien einander gleich. Jede Drosselung des Druckes in den Leitungen bedeutet ebenfalls eine Entropievermehrung.

11. Bemerkungen über umkehrbare Zustandsänderungen.

Wie bereits erwähnt, lassen sich die vier ersten Zustandsänderungen in dem einen oder in dem anderen Sinn vollziehen, wenigstens für den Idealfall. Bei der isothermischen Expansion verwandelt sich die ganze zugeführte Wärme in Arbeit. Schließt sich daran eine isothermische Kompression, so muß dieselbe Arbeit aufgewendet werden und die gleichwertige Wärme wird frei; sie ist vom Kühlwasser aufzunehmen. Mit Erreichung des Anfangszustandes ist die bei der Expansion entwickelte Arbeit wieder aufgezehrt. Bedingung ist dabei, daß nicht nur von jedem Reibungsverlust abgesehen wird, sondern daß die Temperatur des Gases in jedem Augenblick mit der Temperatur des Heiz- oder Kühlkörpers übereinstimmt. Für die anderen Zustandsänderungen gelten entsprechende Bedingungen.

Wird der Anfangszustand auf einem anderen Weg erreicht, d. h. fallen Expansion und Kompression nicht in denselben Linienzug, so entsteht ein umkehrbarer Kreislauf. Er zeichnet sich im Entropiediagramm als geschlossener Linienzug, der durch die zwei senkrechten Tangenten in ein oberes und in ein unteres Stück abgeteilt werden kann. Das obere Kurvenstück schließt die während der Expansion zugeführte Wärme Q_1 als Fläche ein; ihre Breite stellt den Entropiezuwachs $\int \frac{dQ_1}{T_1}$ dar. Auf dem Rückweg längs des unteren Kurvenstückes zeigt sich die während der Kompression abzuleitende Wärme Q_2 als Flächenstreifen unter dieser Linie; die zugehörige Entropieabnahme $\int \frac{dQ_2}{T_2}$ hat denselben Wert wie die Zunahme, da beide Flächenstreifen Q_1 und Q_2 dieselbe Breite besitzen. Für den umkehrbaren Kreisprozeß gilt demnach die Bedingung

$$\int \frac{dQ_1}{T_1} - \int \frac{dQ_2}{T_2} = 0$$

oder für die algebraische Summe allgemein

$$\int \frac{dQ}{T} = 0 \, .$$

Das vom Linienzug umschlossene Flächenstück stellt die in Arbeit umgesetzte Wärme dar:

$$A L = Q_1 - Q_2 \, .$$

Für diesen motorischen Prozeß gilt die Bedingung, daß er im Sinn des Uhrzeigers umfahren wird. Dabei ist die erhaltene Arbeit um so größer, je kleiner die abzuführende

Wärme Q_2 ausfällt, je schmaler und höher also der Flächenstreifen ist, der die zugeführte Wärme darstellt.

Beim Kreisprozeß des Kompressors verläuft der Sinn umgekehrt dem Uhrzeiger. Dieser Vorgang ist bereits in Abb. 5 dargestellt. Dort bedeutet die unter dem Linienzug $A_1 E_2$ liegende große Fläche die Kompressionsarbeit, die unter dem Linienzug $A_3 A_2$ liegende Fläche die Expansionsarbeit und die vom ganzen Linienzug $A_2 A_1 E_2 A_3$ umschlossene Fläche des Kreisprozesses den Mehrbedarf an Kompressionsarbeit, um die Luft vom Anfangsdruck p_2 auf den Enddruck p_1 zu bringen, d. h. um den Entropiewert um die Strecke $A_2 E_2$ zu vermindern. Man darf demnach den Kompressor auch als eine Maschine ansehen, die befähigt ist, die Entropie eines Gases auf einen kleineren Wert zu bringen. Hierzu ist die vom Linienzug eingeschlossene Arbeit nötig.

12. Nicht umkehrbare Zustandsänderungen.

Eine vollkommen umkehrbare Zustandsänderung ist ein idealer Vorgang, der in Wirklichkeit nicht erreichbar ist.

Betrachten wir z. B. die isothermische Verdichtung und nachfolgende Ausdehnung, so könnte der erstere Vorgang nur umkehrbar gedacht werden bei sehr langsam verlaufender Verdichtung, unbegrenzt großer Kühlfläche und sehr großer Kühlwassermenge. Tatsächlich kann aber Wärme nicht ohne einen endlichen Temperaturabfall durch eine Fläche fließen, um von dem einen Wärmeträger zum anderen zu gelangen. Das Kühlwasser zeigt eine tiefere Temperatur T_0 als das Gas (T); sie wird von der aufgenommenen Wärme Q angenommen, ohne daß die der Temperatursenkung entsprechende Arbeit geleistet werden kann. Bei der umgekehrten Zustandsänderung erfolgt der Rückweg der Wärme wieder mit einem Temperatursturz und die isothermische Expansion verläuft bei einer wesentlich tieferen Temperatur als die Kompression, der Vorgang ist also nicht umkehrbar.

Die nicht umkehrbare isothermische Verdichtung kennzeichnet sich somit dadurch, daß die Entropie des Gases um Q/T abnimmt und die des Kühlwassers um Q/T_0 zunimmt; da aber stets $T_0 < T$, so ist der Unterschied $Q/T_0 - Q/T$ immer positiv. Man erhält daher den Satz:

Jede Entwertung der Wärme durch Temperatursturz ist mit einer Entropievermehrung verbunden.

Ein anderer nicht umkehrbarer Vorgang entsteht bei der Bewegung von Gasen durch Vernichtung von Strömungsenergie durch Widerstände (Reibung, Stoß, Wirbel). Diese Widerstände verursachen eine Rückbildung von Energie in Wärme, die als innere Wärmeentwicklung dQ_v in Rechnung gesetzt werden kann neben der für die umkehrbare Zustandsänderung maßgebende äußere Wärme dQ. Die Änderung der Entropie beträgt nun

$$dS = \frac{dQ + dQ_v}{T}.$$

Wird von außen weder Wärme zu- noch abgeführt, so ist

$$dQ = 0, \quad \text{daher} \quad dS = \frac{dQ_v}{T}.$$

Diese nicht umkehrbare Zustandsänderung ist demnach ebenfalls mit einer Zunahme der Entropie verbunden. Ein solcher Vorgang verläuft nicht isentropisch, obschon weder Wärme zu- noch abgeführt wird.

Zu den nicht umkehrbaren Zustandsänderungen gehört der Drosselvorgang beim Überströmen von Druckluft in einen Raum von geringerem Druck durch eine Widerstandsstelle (Blende, Schieber, Ventil). Hierbei bleibt der Wärmeinhalt unverändert. Die beim Durchfluß durch das Drosselorgan aus dem Wärmeinhalt entwickelte

18   Zustandsänderungen.

Strömungsenergie wird zufolge des Widerstandes wieder in Wärme zurückgebildet und die zuerst gesunkene Temperatur steigt wieder, allerdings nicht ganz auf ihren ursprünglichen Wert (Thomson-Joule-Effekt). Dies ist nur bei den idealen Gasen der Fall und angenähert auch bei der Luft, solange nur Drosselungen in kleinen Druckgrenzen stattfinden. Die bei größeren Druckunterschieden merkbaren Temperatursenkungen sind in Tafel II dadurch berücksichtigt, daß Drosselkurven $i = c_p \cdot \Delta t$ eingetragen wurden. Sie fallen vom Hochdruckgebiet gegen das Niederdruckgebiet und nähern sich allmählich den wagrechten Temperaturlinien.

Für alle nicht umkehrbaren Vorgänge läßt sich der zweite Hauptsatz der mechanischen Wärmetheorie in folgende allgemeine Fassung bringen:

Bei den wirklich vorkommenden Umsetzungen zwischen Wärme und Arbeit wächst die Entropie und strebt einem Maximum zu.

13. Ausflußgesetze.

Auf die Strömungsgesetze soll im folgenden nur so weit eingetreten werden, als für die Berechnung der Liefermengen von Kompressoren nötig ist.

Wir setzen voraus, die Ausflußmündung sei an ein weites Rohrstück oder an einen genügend großen Kessel angeschlossen, so daß die Geschwindigkeit des ankommenden Gases vor der Düse vernachlässigt werden kann. Die Düse selbst läßt sich auf der Saugseite oder auf der Druckseite des Verdichters ansetzen. Um auf der Druckseite genaue Messungen zu erhalten, müssen die Wirbelungen unschädlich gemacht werden, die im Drosselschieber entstehen und die den Ausfluß beunruhigen.

Die Ausrundung der Düsen ist nach den „Normen für Leistungsversuche an Ventilatoren und Kompressoren (VDI. 1925) zu formen.

Für die Berechnung der Ausflußmenge sind drei Fälle auseinanderzuhalten, je nach der Größe des Druckunterschiedes vor und nach der Düse.

a) Sehr kleine Druckunterschiede. Entsteht durch die Düse nur ein Druckabfall bis zu etwa 200 mm Wassersäule, so darf die Änderung des spezifischen Volumens während des Durchflusses unberücksichtigt bleiben. Die in Strömungsenergie umgesetzte Arbeit L wird nun nur durch die Druckabnahme $p_1 - p$ geleistet und die Energiegleichung lautet wie bei Wasser

$$L = \frac{p_1 - p}{\gamma_1} = v_1(p_1 - p) = \frac{c^2}{2g},$$

hieraus ergibt sich die theoretische Ausflußgeschwindigkeit

$$c = \sqrt{2g v_1 (p_1 - p)}, \qquad (24)$$

hierin ist der Druckunterschied in kg/m² einzusetzen, was dem Zahlenwert nach mit der Anzahl Millimeter Wassersäule übereinstimmt.

Durch die Querschnittsfläche f der Düse strömt in der Sekunde das Volumen

$$V = \mu \cdot f \cdot c \qquad (25)$$

oder das Gewicht

$$G = \frac{V}{v_1} = \mu \cdot f \sqrt{2g \frac{p_1 - p}{v_1}}. \qquad (26)$$

Die Ausflußziffer μ wird durch Eichung bestimmt. Kleine Düsen lassen sich mit Wasser eichen, für große Düsen kann mit Vorteil das sog. Pitot-Rohr benützt werden. Gewöhnlich liegt der Wert μ zwischen

$$\mu = 0{,}97 \text{ bis } 0{,}98$$

für vorschriftsgemäße Abrundungen, wobei die kleinere Zahl für enge Düsen gilt.

2. Beispiel: Bestimmung der Liefermenge eines Turbogebläses mit Ausflußmündung von 200 mm Dmtr. am Ende des Druckrohres ($\mu = 0{,}98$).

Gemessen: Barometerstand: $\quad p = 733 \text{ mm Hg} = 9930 \text{ kg/m}^2$,
Überdruck vor Mündung: $\quad = 220 \text{ kg/m}^2$ (mm Wassersäule),
Temperatur vor Mündung: $\quad t_1 = 59^\circ$ C, $\quad T_1 = 332^\circ$,
Druck vor Mündung: $\quad p_1 = 9930 + 220 = 10\,150 \text{ kg/m}^2$,
Druckverhältnis: $\quad p/p_1 = 9930/10\,150 = 0{,}98$,
Spez. Volumen vor Düse: $\quad v_1 = \dfrac{29{,}3 \cdot 332}{10\,150} = 0{,}956 \text{ m}^3/\text{kg}$,
Theor. Ausflußgeschwindigkeit: $\quad c = \sqrt{2 \cdot 9{,}81 \cdot 0{,}956 \cdot 220} = 64{,}3 \text{ m/sek}$,
Ausflußmenge: $\quad V = 0{,}98 \cdot 0{,}0314 \cdot 64{,}3 = 1{,}98 \text{ m}^3/\text{sek}$.

b) Größere Druckunterschiede (Druckverhältnis $\geq 0{,}528$). Solange der Druck hinter der Düse nicht kleiner ist als $0{,}528 \cdot p_1$, erfolgt die Expansion in der abgerundeten Mündung bis auf den Außendruck. Bei reibungsfreier Strömung ist die Zustandsänderung eine Adiabate und es muß neben der Gleichdruckarbeit die Ausdehnungsarbeit mit berücksichtigt werden. Man erhält daher

$$L = p_1 \cdot v_1 - p \cdot v + c_v (T_1 - T) \cdot 427.$$

Mit

$$p_1 v_1 = R \cdot T_1, \qquad p v = R \cdot T, \qquad c_p = c_v + A \cdot R$$

ergibt sich

$$L = 427 (c_v + AR)(T_1 - T),$$

$$L = 427 \cdot c_p (T_1 - T) = \frac{c^2}{2g},$$

woraus

$$c = \sqrt{2g \cdot 427} \sqrt{c_p(T_1 - T)} = 91{,}5 \sqrt{c_p(T_1 - T)} \tag{27}$$

für Luft mit

$$c_p = 0{,}24$$

vereinfacht sich die Formel auf

$$c = 44{,}8 \sqrt{(T_1 - T)}, \tag{27a}$$

Zur Bestimmung der Endtemperatur der adiabatischen Expansion kann die Entropietafel benützt werden, in die der Anfangspunkt p_1, v_1, t_1 eingetragen wird. Der Endpunkt p, v liegt senkrecht unter dem Anfangspunkt auf der p-Linie, die dem Außendruck entspricht.

Bei ziemlich kleinen Druckunterschieden zeigt sich eine kurze Expansionslinie und das Verfahren wird ungenau. Alsdann empfiehlt sich die von Hinz angegebene Annäherung, wo die unter a) angegebene Formel benützt wird, worin aber ein mittleres spezifisches Volumen v_m einzusetzen ist. Es wird aus der Temperatur T_1 vor der Düse und dem mittleren Druck

$$p_m = p + 0{,}6 (p_1 - p) \tag{28}$$

aus der Zustandsgleichung erhalten. Damit ist das Ausflußvolumen

$$V = \mu f \sqrt{2g \cdot v_m (p_1 - p)}.$$

Für die Bestimmung des Ausflußgewichtes muß allerdings die Temperatur T in der Mündung eingesetzt werden, die sich angenähert aus der Gleichung

$$c_p (T_1 - T) = A \cdot v_m (p_1 - p) \tag{29}$$

ergibt.

3. Beispiel: Die Versuchswerte des vorangegangenen Beispiels sollen dadurch geändert werden, daß der Überdruck vor der Mündung 220 mm Quecksilbersäule betrage. Man erhält damit

Druck vor Mündung: $p_1 = 9930 + 0{,}22 \cdot 13596 = 12921 \text{ kg/m}^2$,

Druckverhältnis: $p/p_1 = 9930/12921 = 0{,}769$.

Aus der TS-Tafel erhält man durch Eintragen des Anfangspunktes p_1, t_1 den Endpunkt senkrecht darunter auf der Linie $p = 0{,}993$ ata mit der Ordinate des Endpunktes der adiabatischen Expansion

$$t = 35^0 \text{ C}, \qquad T = 308^0,$$

daher ist

$$v = \frac{29{,}3 \cdot 308}{9930} = 0{,}906 \text{ m}^3/\text{kg},$$

Geschwindigkeit in der Mündung:

$$c = 91{,}5 \sqrt{0{,}24 \,(59 - 35)} = 220 \text{ m/sek},$$

Ausflußgewicht:

$$G = \frac{0{,}98 \cdot 0{,}0314 \cdot 220}{0{,}906} = 7{,}47 \text{ kg/sek}.$$

Gewöhnlich wird die Liefermenge eines Kompressors in Kubikmeter angegeben, bezogen auf die Verhältnisse im Saugrohr. Für unser Beispiel sei dort ein Unterdruck von 190 mm Wassersäule gemessen worden und eine Temperatur von 20^0 C. Für das Saugrohr gilt also

$$T_s = 293^0, \qquad p_s = 9930 - 190 = 9740 \text{ kg/m}^2,$$
$$v_s = \frac{29{,}3 \cdot 293}{9740} = 0{,}884 \text{ m}^3/\text{kg},$$

daher beträgt das Ansaugevolumen

$$V_s = G \cdot v_s = 7{,}47 \cdot 0{,}884 = 6{,}6 \text{ m}^3/\text{sek}.$$

Man kann diese Aufgabe auch mit dem angenäherten Verfahren lösen, zu dem eine Entropietafel nicht benötigt wird. Nach Hinz ist der mittlere Druck während der Expansion nach Gl. (28)

$$p_m = 9930 + 0{,}6 \cdot 2991 = 11725 \text{ kg/m}^2,$$
$$v_m = \frac{29{,}3 \cdot 332}{11725} = 0{,}83 \text{ m}^3/\text{kg},$$

damit ist die Ausflußgeschwindigkeit nach der einfachen Formel

$$c = \sqrt{19{,}62 \cdot 0{,}83 \cdot 2991} = 220 \text{ m/sek},$$

und das spezifische Volumen am Ende der Adiabate nach Gl. (29)

$$v = \frac{0{,}83 \cdot 2991}{0{,}24 \cdot 427} = 0{,}906 \text{ m}^3/\text{kg}.$$

Diese beiden Werte stimmen mit den aus der Tafel erhaltenen völlig überein, damit folgt dasselbe Schlußergebnis.

c) Druckabfall unter den kritischen Druck. Will man den Verlauf der Expansion vom Anfangszustand vor der Düse bis zum Druck hinter der Düse verfolgen, so benützt man die Gl. (27)

$$c = 91{,}5 \sqrt{c_p (T_1 - T)}$$

und

$$f = \frac{G \cdot v}{\mu \cdot c}$$

nicht nur für den Endpunkt der Adiabate, sondern mit einer bekannten Durchflußmenge G für beliebige Zwischenpunkte. Hierzu gibt die Entropietafel die einfachste Lösung. Schneidet man auf der Adiabaten $A_1 A$ (Abb. 8) eine beliebige Schar von p-Linien ein und liest in den Schnittpunkten die Werte p, t und v ab (oder berechnet v nach der Zustandsgleichung), so läßt sich für jeden Zwischenpunkt c und f ausrechnen. Durch Auftragen dieser Zahlen in Funktion des Druckverhältnisses erkennt man, daß f zuerst stetig abnimmt bis zu einem kleinsten Betrag, der zum sog. kritischen Druck p_k gehört; im weiteren Verlauf der Expansion nimmt f wieder zu. Der Grund dieser Erscheinung liegt darin, daß zuerst c rasch und v langsam zunimmt; erst im zweiten Teil der Expansion wächst v rascher als c. Der Querschnitt muß sich nun erweitern, um dem wachsenden Volumen Platz zu schaffen. Diese von de Laval für Dampfturbinen zuerst ausgeführte Düse besteht demnach aus einer abgerundeten Mündung, an die sich ein konisch divergentes Stück ansetzt.

Die Ausflußmenge ist bestimmt durch die Verhältnisse im engsten Querschnitt; man darf also bei der Berechnung des Durchflußgewichtes nur die Expansion bis zum kritischen Druck berücksichtigen, wenn der Druck hinter der Düse kleiner ist als der kritische Druck p_k.

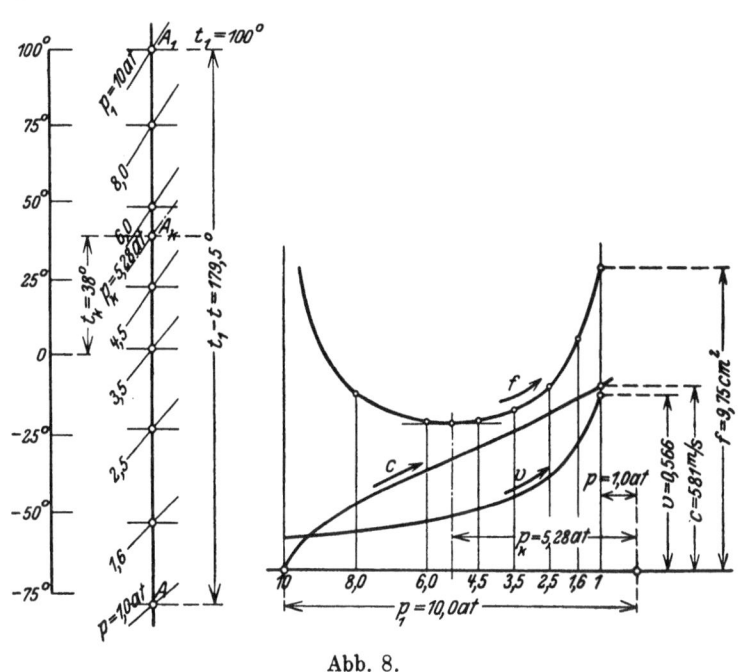

Abb. 8.

4. Beispiel: Expansion der Luft von 10 ata und 100° auf 1 ata in einer Laval-Düse. In Abb. 8 ist die adiabatische Ausdehnung als senkrechte Gerade dargestellt. Zahlentafel 3 enthält die aus der Entropietafel abgelesenen Temperaturen für die gewählten Zwischendrücke, ferner die damit berechneten Geschwindigkeiten und die Düsenquerschnitte für das Durchflußgewicht $G = 1$ kg/sek, sowie für $\mu = 1$. In Abb. 8 ist ferner der Verlauf des spezifischen Volumens, der Geschwindigkeit und des Querschnittes in Abhängigkeit des Druckes aufgezeichnet.

Zahlentafel 3.

p ata	t °C	$c_p(t_1 - t)$ kcal/kg	v m³/kg	c m/sek	f cm²
10	100	—	0,109	0	
8,0	74	6,25	0,127	229	5,54
6,0	48	12,5	0,157	323	4,86
4,5	22,5	18,6	0,192	395	4,86
3,5	2,5	— 23,6	0,230	445	5,17
2,5	— 23,5	29,6	0,292	498	5,86
1,6	— 54,0	34,7	0,402	539	7,46
1,0	— 79,5	40,4	0,566	581	9,75

Der kritische Druck beträgt: $p_k = 0{,}528 \cdot 10 = 5{,}28$ ata,
Zugehörige Temperatur: $t_k = 38^0$,
Spez. Volumen: $v_k = 0{,}172$,
Geschwindigkeit: $c_k = 91{,}5 \sqrt{0{,}24(100-38)} = 354$ m/sek,
Engster Querschnitt: $f_k = 4{,}85$ cm².

Man erkennt aus diesem Beispiel, daß in der Düse recht tiefe Temperaturen entstehen können, so daß die austretende Luft eine Kältewirkung verursachen kann.

III. Berechnung der Kolbenkompressoren.

14. Theoretischer Arbeitsvorgang im einstufigen Kompressor.

Beim Hingang des Kolbens aus dem toten Punkt findet die Einströmung der Luft (Ansaugen) in den Zylinder statt; der dort auftretende Druck p_1 leistet die absolute Gasarbeit $p_1 v_1$, wenn v_1 das vom Kolben beschriebene Volumen bedeutet.

Beim Rückgang erfolgt die Verdichtung auf das kleinere Volumen v_2, bis der Druck p_2 in der Druckleitung erreicht ist, worauf das Ausstoßen der Luftmenge bei gleichbleibendem Druck stattfindet. In die Anfangsstellung zurückgekehrt, saugt der Kolben eine neue Luftmenge an, sobald er wieder vorwärts geht, falls ein schädlicher Raum zwischen Kolben und Deckel als nicht vorhanden angenommen wird. Während der eigentlichen Verdichtung beträgt der Arbeitsaufwand $\frac{c_v}{A}(T_2 - T_1)$ auf 1 kg Luft unter Annahme adiabatischer Verdichtung. Beim Ausstoßen verlangt der Kolben die weitere Arbeit $p_2 v_2$. Die Gesamtarbeit auf 1 kg Luft ist demnach

$$L_{ad} = \frac{c_v}{A}(T_2 - T_1) + p_2 v_2 - p_1 v_1.$$

Setzt man

$$p_1 v_1 = R T_1, \qquad p_2 v_2 = R T_2,$$

so folgt

$$\begin{aligned} A L_{ad} &= (c_v + A R)(T_2 - T_1) \\ &= c_p (T_2 - T_1), \end{aligned} \qquad (30)$$

d. h. bei adiabatischer Verdichtung ist der Wärmewert der Betriebsarbeit gleich der Zunahme des Wärmeinhaltes.

Dieses Gesetz ist bei Besprechung der adiabatischen Zustandsänderung bereits gefunden worden. Aus der TS-Tafel ergibt sich der Unterschied $t_2 - t_1$ als senkrechte Strecke zwischen den beiden p-Linien der Druckgrenzen.

Setzt man polytropische Zustandsänderung nach Abb. 6 voraus, so bestimmt sich die Arbeit AL in der dort angegebenen Weise; in jener Abbildung ist sie als schraffierte Fläche dargestellt.

Saugt der Kompressor in der Stunde ein Gewicht von G kg an, so berechnet sich der Energiebedarf

$$N_e = \frac{(AL) \, 427 \, G}{3600 \cdot 75 \cdot \eta_m} = \frac{(AL) \, G}{632 \cdot \eta_m}, \qquad (31)$$

wo η_m den mechanischen Wirkungsgrad der Maschine bedeutet.

Diese Gleichung gilt allgemein für beliebige Prozesse; setzt man für AL den Wärmewert der adiabatischen Arbeit ein, so erhält man die Leistungsaufnahme unter dieser Voraussetzung. Die Hauptabmessungen der Maschine spielen dabei noch keine Rolle, sie sind im Gewicht G enthalten.

Will man die Arbeit der adiabatischen Kompression unter der Voraussetzung verschieden großer Anfangsdrücke, aber eines gleichbleibenden Druckverhältnisses berechnen, so erhält man nach der einfachen Rechnung für ideale Gase einen einzigen Wert, denn die Arbeit auf 1 kg des Stoffes bezogen ist nur vom Druckverhältnis abhängig. Von einem hohen Anfangsdruck aus läßt sich mit derselben Arbeit eine ganz gewaltige Drucksteigerung erreichen. Für den Energiebedarf ist es gleichgültig, ob 1 kg Luft von 1 auf 5 ata verdichtet wird, oder von 100 auf 500 ata, im einen Fall beträgt die Druckerhöhung 4, im anderen 400 at.

Bei den wirklichen Gasen wächst allerdings diese Arbeit, wenn sie im hohen Druckgebiet geleistet werden soll, hauptsächlich deshalb, weil die mittleren spezifischen Wärmen steigen. Man erhält diesen Mittelwert, wenn man den von der Adiabaten eingeschlossenen i-Wert durch die zugehörige senkrechte Entfernung dividiert. Sticht man z. B. im Bereich der Adiabate $p_1/p_2 = 40/200$ at zwischen $\Delta i = 90 - 40 = 50$ die zugehörige Entfernung $\Delta t = 203$ mm ab, so ist

$$c_{pm} = 50/203 = 0{,}246$$

und damit

$$A L_{ad} = 0{,}246\,(198 - 20) = 43{,}8 \text{ kcal/kg}.$$

Bei $p_1/p_2 = 100/500$ ist

$$c_{pm} = 50/186 = 0{,}269,$$

$$A L_{ad} = 0{,}269\,(199 - 20) = 48{,}1 \text{ kcal/kg}.$$

Man erkennt, daß die Arbeiten in hohen Druckgebieten nicht unerheblich wachsen. Dasselbe gilt für die Arbeit bei isothermischer Verdichtung.

In Zahlentafel 4 sind die Arbeiten der adiabatischen und der isothermischen Kompression zusammengestellt unter Annahme verschiedener Anfangsdrücke, aber des gleichen Druckverhältnisses.

Zahlentafel 4.

	$p_2/p_1 = 5$, $t_1 = 20^0$								
p_1 . ata	1	2	5	10	20	40	60	100	120	200
p_2 . ata	5	10	25	50	100	200	300	500	600	1000
$p_2 - p_1$	4	8	20	40	80	160	240	400	480	800
t_2 . ^{0}C	190	190	197	197	197	198	200	199	199	190
c_{pm}	0,241	0,241	0,241	0,242	0,243	0,246	0,251	0,269	0,278	0,310
$A L_{ad}$	41,0	41,0	42,6	42,8	43,0	43,8	45,2	48,1	53,3	51,5
$A L_{is}$	32,2	32,2	34,0	35,2	36,3	39,0	40,4	41,3	41,3	40,8

Die in letzter Reihe enthaltenen Werte für $p_1/p_2 = 200/1000$ at sind naturgemäß unsicher, da für dieses Gebiet noch wenig Erfahrungszahlen vorliegen.

15. Schädlicher Raum.

Kommt der Kolben beim Rückgang in den toten Punkt, so ist das Ausstoßen der verdichteten Menge beendet und es bleibt ein Rest derselben im schädlichen Raum zwischen Kolben und Deckel zurück. Bevor das Ansaugen einer neuen Luftmenge erfolgen kann, muß diese Restluft sich ausdehnen, bis der Ansaugedruck erreicht ist.

Befindet sich diese Restluft bei Beginn der Ausdehnung in demselben Zustand wie am Ende der Verdichtung und verlaufen beide Zustandsänderungen nach demselben Gesetz, so sind sie im Entropiediagramm durch dieselbe Linie dargestellt. In diesem Fall ist die bei der Ausdehnung von einem Kilogramm Luft geleistete Arbeit gleich der Kompressionsarbeit. Die Verdichtung vollzieht sich an der nutzbaren Fördermenge und der Restmenge, die Ausdehnung nur an der Restmenge; die Kompressionsarbeit der Restluft wird somit zurückgewonnen und der schädliche Raum hat auf den Energiebedarf keinen Einfluß.

Seine Wirkung zeigt sich alsdann nur in der Berechnung des Zylindervolumens V_h für eine vorgeschriebene Fördermenge. Hat sich die Restluft auf den Ansaugedruck ausgedehnt, so ist vom Zylindervolumen $V_h = 1$ nur noch ein Bruchteil λ_0 zur Aufnahme einer neuen Menge vorhanden, da der Kolben bereits während der Ausdehnung das Volumen $1 - \lambda_0$ beschrieben hat. Bei Beginn der Ausdehnung ist die Restluft auf den schädlichen Raum ε_0 zusammengedrängt, am Ende derselben hat sie sich ausgedehnt auf den Raum $\varepsilon_0 + (1 - \lambda_0)$; da sich diese Raumverhältnisse wie die spezifischen Volumen verhalten, folgt

$$\frac{v_4}{v_3} = \frac{1 - \lambda_0 + \varepsilon_0}{\varepsilon_0}.$$

Aus der Gleichung folgt

$$\lambda_0 = 1 - \varepsilon_0 \left(\frac{v_4}{v_3} - 1 \right), \tag{32}$$

wo v_4 das spezifische Volumen am Ende und v_3 dasjenige am Anfang der Expansion der Restluft bedeutet.

Vollzieht sich die Expansion auf derselben Linie wie die Kompression, so ist

$$v_3 = v_2 \quad \text{und} \quad v_4 = v_1.$$

Meistens sinkt aber die Temperatur vom Beginn zum Ende des Auspuffs und es ist alsdann $v_3 < v_2$; ferner verläuft die Expansion polytropisch und die Endtemperatur fällt nicht so stark, daher ist

$$v_4 > v_1.$$

Dies ist der Fall bei großen Druck- und Temperaturunterschieden im Zylinder, wobei Wärme während der Expansion an das Gas abgegeben wird.

Man nennt λ_0 den Diagramm-Liefergrad, da dieser Wert auch unmittelbar aus dem Indikatordiagramm abgestochen werden kann. Statt dessen wird häufig das Wort „volumetrischer Wirkungsgrad" genannt, das aber leicht zu Mißverständnissen führt. Für das Liefervolumen $V_h \cdot \lambda_0$ hat man das Wort „indizierte Saugleistung" eingeführt.

Die Gl. (32) zeigt, daß λ_0 um so näher an 1 liegt, je kleiner der schädliche Raum und der Unterschied in den spezifischen Volumen ist. Hieraus folgt, daß ein großes Druckverhältnis den Liefergrad verkleinert.

Für die Berechnung der Zylinderabmessungen empfiehlt es sich, statt des Wertes λ_0 einen etwas kleineren Wert λ zu wählen. Mit dieser Abrundung soll den Undichtheiten Rechnung getragen werden. Bei unmittelbaren Messungen der Liefermengen, z. B. mit dem Ausflußversuch, zeigt sich häufig, daß der Liefergrad nicht unbedeutend kleiner ist als der im Diagramm sichtbare Wert. Der Grund liegt zum großen Teil in den Undichtheiten, die vom Indikatordiagramm nicht angezeigt werden.

Mit dem Liefergrad können die Hauptabmessungen der Maschine bestimmt werden. Bedeutet F den wirksamen Kolbenquerschnitt, S den Hub und n die Drehzahl in der Minute, so beträgt das in der Stunde angesaugte Luftvolumen

$$V_n = 60\, \lambda z F S n, \tag{33}$$

wo $z = 1$ für einfachwirkende und $z = 2$ für doppeltwirkende Zylinder. Wählt man die Umlaufzahl n und die mittlere Kolbengeschwindigkeit $c_m = \frac{Sn}{30}$, so ist der Hub und schließlich die Bohrung D des Zylinders bestimmt, wobei zu beachten ist, daß $\frac{S}{D} \leq 2$.

Die vorstehenden Rechnungen zeigen, daß der Energiebedarf ohne Kenntnis der Zylinderabmessungen bestimmt werden kann. Aus Gl. (31) ist die vom Kolben aufgenommene Energie

$$N_i = \frac{(AL)427G}{3600 \cdot 75}.$$

Mit p_i als mittlerer Überdruck des pv-Diagramms ist für die doppeltwirkende Maschine

$$N_i = \frac{FSn p_i}{30 \cdot 75}.$$

Setzt man

$$G = \lambda \frac{V_h}{v_1} = \frac{\lambda}{v_1} \cdot 2 \cdot 60 \cdot FSn,$$

so ergeben beide Beziehungen

$$p_i = \frac{(AL)427 \lambda}{v_1}. \tag{34}$$

Man kann demnach den mittleren Überdruck des pv-Diagramms (Indikatordiagramm) aus den im Entropiediagramm abzulesenden Wert AL berechnen, ohne das pv-Diagramm aufzeichnen zu müssen.

5. Beispiel: Es soll ein einstufiges Kolbengebläse berechnet werden, das eine Luftmenge von $V_n = 10$ m³/sek ansaugt und auf 1,75 at abs. verdichtet. Während des Ansaugens herrsche im Zylinder ein Druck von 0,97 at abs. und eine Lufttemperatur von 20° C. Für die Verdichtung der Gesamtmenge wie für die Ausdehnung der Restluft soll die Adiabate gelten.

In die TS-Tafel kann der Anfangspunkt der senkrechten Strecke eingetragen werden, deren Endpunkt auf der p-Linie des gewünschten Enddruckes liegt; die Ordinate dieses Punktes ist die gesuchte Temperatur. Man erhält auf diese Weise:

Anfangspunkt: $p_1 = 0,97$ ata, $\quad t_1 = 20^0$, $\quad v_1 = 0,885$ m³/kg

Endpunkt: $\quad p_2 = 1,75$,, $\quad t_2 = 73,5^0$, $\quad v_2 = 0,58$,,

Arbeit auf 1 kg: $AL_{ad} = c_p(t_2 - t_1) = 0,24 (73,5 - 20) = 12,8$ kcal/kg

Nutzbares Fördergewicht: $G_n = \dfrac{V_n}{v_1} = \dfrac{10}{0,885} = 11,3$ kg/sek

Energiebedarf (Adiabate): $N_{ad} = \dfrac{(AL)427G}{75} = \dfrac{12,8 \cdot 427 \cdot 11,3}{75} = 825$ PS

Mechanischer Wirkungsgrad (angenommen): $\eta_m = 0,9$

Energiebedarf (eingeleitet): $N_e = \dfrac{825}{0,9} = 915$ PS

Schädlicher Raum (angenommen): $\varepsilon_0 = 0,1$

Diagr. Liefergrad: $\lambda_0 = 1 - \varepsilon_0 \left(\dfrac{v_1}{v_2} - 1\right) = 1 - 0,1 \left(\dfrac{0,885}{0,58} - 1\right) = 0,9475$

Liefergrad (geschätzt): $\lambda = 0,93$

Hubvolumen: $V_h = \dfrac{V_n}{\lambda} = \dfrac{10}{0,93} = 10,76$ m³/sek

Umlaufzahl (angenommen): $n = 65$

Hub (angenommen): $S = 1,5$ m

Mittlere Kolbengeschwindigkeit: $c_m = \dfrac{Sn}{30} = \dfrac{1,5 \cdot 65}{30} = 3,25$ m/sek

Wirksamer Kolbenquerschnitt: $F = \dfrac{V_h}{c_m} = \dfrac{10,76}{3,25} = 3,305$ m²

Zylinderbohrung: $D = 1070$ mm, $\quad$ Kolbenstange: $d = 240$ mm

Mittl. Überdruck im pv-Diagramm: $p_i = \dfrac{(AL)427 \cdot \lambda}{v_1} = \dfrac{12,8 \cdot 427 \cdot 0,93}{0,885} = 5750$ kg/m³

(0,575 at).

Das Gebläse ist für Hochofenbetrieb bestimmt, bei dem der Überdruck auf den Höchstwert 1,2 at steigen kann. Für diese Annahme ist:

Endpunkt: $p_2 = 0{,}97 + 1{,}2 = 2{,}17$ at, $\quad t_2 = 97^0$, $\quad v_2 = 0{,}50$ m³/kg

Arbeit auf 1 kg: $A L_{ad} = 0{,}24\,(97 - 20) = 22{,}55$ kcal/kg

Energiebedarf: $N_e = \dfrac{0{,}9 \cdot 22{,}55 \cdot 427 \cdot 11{,}3}{75} = 1310$ PS.

16. Mehrstufige Kompressoren.

Soll in einem Zylinder Luft auf einen hohen Druck gebracht werden, so steigt die Temperatur gegen das Ende der adiabatischen Verdichtung unzulässig hoch an. Dadurch ist das Schmieren des Kolbens erschwert, es entstehen häufig Störungen im Betrieb; der Arbeitsbedarf und der Einfluß des schädlichen Raumes fallen groß aus.

Diese Übelstände lassen sich vermindern, wenn der Kompressor zwei- oder mehrstufig gebaut wird. Die im ersten Zylinder auf einen Teil des Enddruckes zusammengepreßte Luft wird in einen Behälter ausgestoßen und dort ausgiebig gekühlt, worauf die Verdichtung den gewünschten Druck im zweiten Zylinder herstellt. Bei drei- und vierstufigen Maschinen wiederholt sich dieser Vorgang.

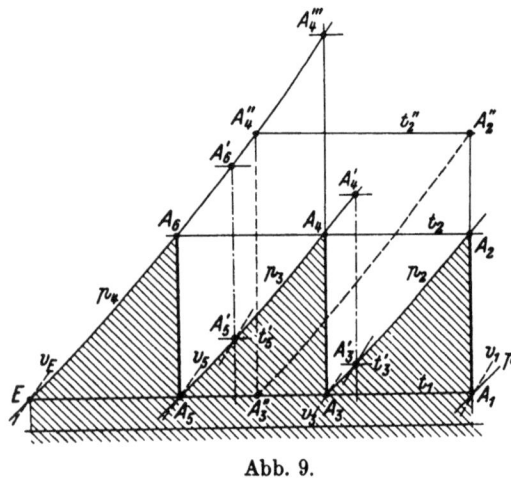

Abb. 9.

Die Wirkungsweise läßt sich im Entropiediagramm sehr anschaulich verfolgen. Kann bei dem in Abb. 9 dargestellten Prozeß die Zwischenkühlung nach der ersten und nach der zweiten Verdichtung derart wirken, daß die Luft jedesmal auf die Anfangstemperatur abgekühlt wird, so liegen die Anfangspunkte A_1, A_3, A_5 der Einzelverdichtungen auf der gleichen Temperaturlinie, d. h. auf gleicher Höhe. Dann ist es zweckmäßig, die Unterteilung derart einzurichten, daß auch die Endpunkte A_2, A_4, A_6 der Adiabaten gleiche Temperaturen besitzen; bei dieser Verteilung entsteht in jedem Zylinder dieselbe Temperaturzunahme.

Da die Punkte A_1, A_3, A_5 auf einer Isothermen liegen, ist das Druckverhältnis x in jeder Stufe gleich groß:

$$x = \frac{p_2}{p_1} = \frac{p_3}{p_2} = \frac{p_4}{p_3} = \frac{v_1}{v_3} = \frac{v_3}{v_5} \qquad (35)$$

oder

$$x = \sqrt[3]{\frac{p_4}{p_1}}. \qquad (36)$$

Diese Rechnung bleibt erspart, indem man nur nötig hat, die gegebene Entropie zwischen Anfangs- und Enddruck in drei gleiche Stücke zu teilen; die erhaltenen Teilpunkte A_3 und A_5 sind die Anfangspunkte der Verdichtungen im zweiten und dritten Zylinder. Erfolgt die Verdichtung in allen drei Zylindern nach demselben Gesetz (in Abb. 9 adiabatisch), so ist der Arbeitsbedarf für jede Stufe gleich groß.

Man erkennt, daß der nach Linienzug $A_1 A_2 A_3 A_4 A_5 A_6 E$ sich abspielende Prozeß eine kleinere Arbeit verlangt als bei einstufiger Verdichtung von p_1 auf p_4. Die Zickzacklinie nähert sich um so mehr der isothermischen Verdichtung $A_1 E$, je größer die Stufenzahl ist. Wegen der Drosselverluste und der verwickelten Bauart wird die Stufenzahl 3 nur dann überschritten, wenn ein Enddruck von 200 at und mehr erreicht werden soll.

In den Anfangspunkten A_1, A_3 und A_5 lassen sich die spezifischen Volumen ablesen, sie stehen im umgekehrten Verhältnis mit den Pressungen und im geraden Verhältnis mit den Hubräumen der einzelnen Zylinder.

Bei Anwendung mehrerer Stufen ist die Wirkung des schädlichen Raumes auf den Liefergrad bedeutend herabgemindert, da das Druckgefälle in jedem Zylinder kleiner ist.

Ist die Zwischenkühlung nicht imstande, die Temperatur der im ersten Zylinder verdichteten Luft auf den Anfangswert zu bringen, so erfolgt die Verdichtung im zweiten Zylinder von einem höher liegenden Punkt A_3' (Abb. 9) aus; die Endtemperatur erhöht sich entsprechend ebenfalls, A_4'. Der Arbeitsbedarf ist gewachsen um das Stück $A_3' A_4' A_4 A_3$. In der dritten Stufe ist dieser Umstand durch die Strecke $A_5' A_6'$ berücksichtigt. Auch in diesem Fall könnte man gleiche Endtemperaturen durch eine entsprechende Verschiebung der p_2-Linie und der p_3-Linie nach rechts erhalten, da die Unterteilung in den einzelnen Zylindern beim Entwurf des Diagramms nach Belieben geändert werden kann.

Will man statt des dreistufigen Kompressors einen zweistufigen für dieselbe Druckzunahme bauen, so ist nur nötig, die Strecke $A_1 E$ in zwei gleiche Stücke zu teilen: die p-Linie durch den Teilpunkt A_3'' gibt den Anfangspunkt der zweiten Stufe an, die v-Linie durch diesen Punkt das spezifische Volumen, womit das Zylinderverhältnis bestimmt ist. Dabei liegen die Endpunkte A_2'' und A_4'' wieder auf gleicher Höhe.

6. Beispiel: Es soll ein Kompressor berechnet werden, der eine Luftmenge von 1500 m³/h ansaugt und auf 300 at verdichtet.

Für die Aufzeichnung des Entropiediagramms (Abb. 10) wählen wir adiabatische Verdichtung und polytropische Ausdehnung, ferner folgende Größen:

Zahl der Druckstufen: 5
Anfangstemperaturen der Stufen: 20, 25, 20, 15, 15⁰ C
Enddruck im Zylinder der 5. Stufe: 310 ata
Anfangstemperatur der Expansion (alle Stufen): 125⁰
Endtemperatur der Expansion (alle Stufen) 50⁰

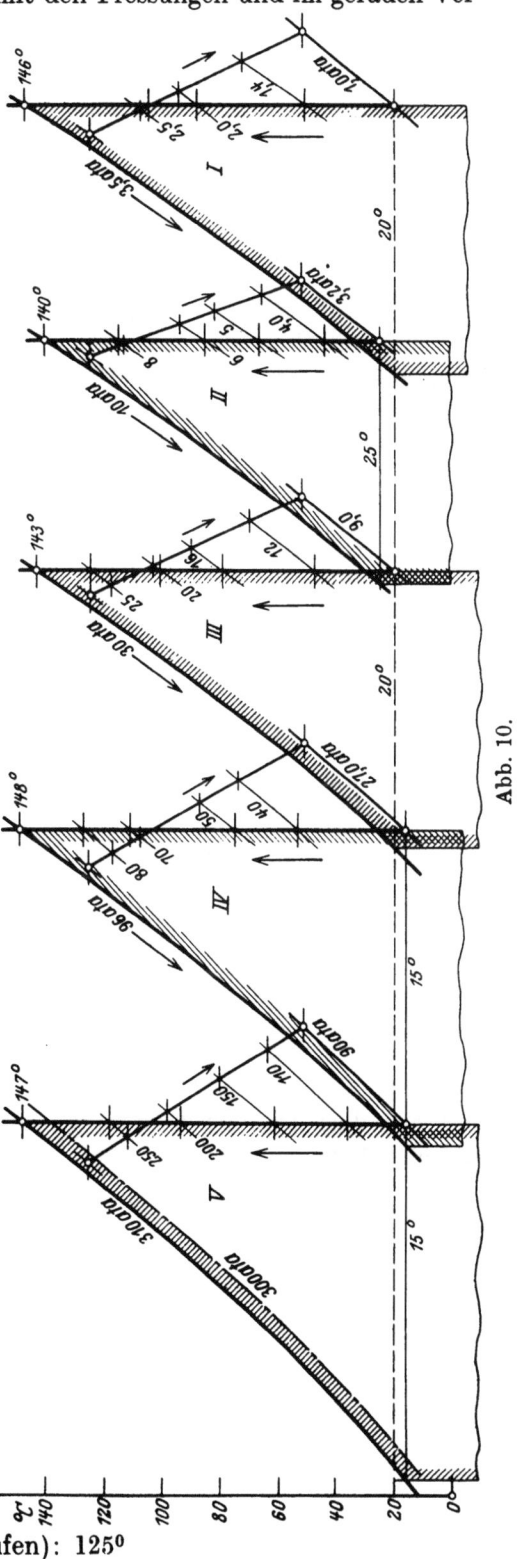

Abb. 10.

Schädlicher Raum der 1. Stufe: $\varepsilon_0 = 0,05$
Spez. Volumen am Anfang der Expansion I. Stufe: $v_3 = 0,35$ m³/kg
„   „   „   Ende   „   „   : $v_4 = 0,945$ m³/kg
Diagramm-Liefergrad : $\lambda_0 = 1 - 0,05\,(0,945/0,35 - 1) = 0,915$
Tatsächlicher Liefergrad (angenommen): $\lambda = 0,90$
Drehzahl des Kompressors (angenommen): $n = 100$
Mittl. Kolbengeschwindigkeit (angenommen): $c_m = \dfrac{Sn}{30} = 2$ m/sek
Hub des Kompressors: $S = 30 \cdot 2/100 = 0,6$ m
Nutzbare Kolbenfläche der 1. Stufe: $f = \dfrac{V}{60 \cdot \lambda \cdot Sn} = \dfrac{1500}{60 \cdot 0,9 \cdot 0,6 \cdot 100} = 0,464$ m²
Spez. Volumen Anfang Kompression I. Stufe: $v_1 = 0,86$ m³/kg
Stündl. Fördergewicht: $G = V/v_1 = 1500/0,86 = 1745$ kg/h.

In gleicher Weise kann das Hubvolumen der übrigen Stufen ermittelt werden, wobei die Verschiedenheit der schädlichen Räume berücksichtigt werden kann. Die mit der Entropietafel erhaltenen Ergebnisse sind in Zahlentafel 5 zusammengestellt. Hierbei ist der Liefergrad für alle Stufen gleich groß angenommen worden.

Zahlentafel 5.

Stufen		I	II	III	IV	V
Anfangsdruck	ata	1,0	3,2	9,0	27,0	90
Enddruck der Kompression	ata	3,5	10	30	96	310
Druckverhältnis		3,5	3,13	3,0	3,56	3,45
Anfangstemperatur	°C	20	25	20	15	15
Endtemperatur	°C	146	140	143	148	147
Spez. Wärme (Mittelwert)		0,241	0,242	0,244	0,245	0,252
Arbeit der Adiabate	kcal/kg	30,3	31,0	30,0	31,8	32,2
Spez. Volumen Anfang Kompression	m³/kg	0,86	0,273	0,098	0,0312	0,0093
Nutzbare Kolbenfläche	cm²	4640	1470	528	168	50,1

Die Unterbringung der nutzbaren Kolbenflächen in der Kolbenmaschine hängt ganz von der besonderen Anordnung ab. Bei der in Abb. 11 dargestellten Verteilung sind alle Stufen an einem einzigen Kolben angebracht, wobei die erste Stufe in zwei Zylinderräumen zustande kommt, die allerdings voneinander verschieden sind. Nur die Kolbenstange tritt aus dem Zylinder heraus, wir schätzen ihren Durchmesser zu $D_0 = 100$ mm und erhalten

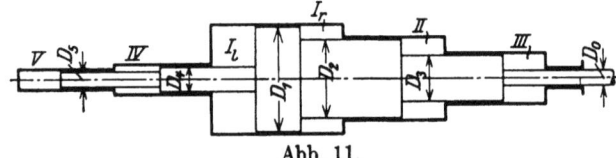

Abb. 11.

$f_5 = \dfrac{\pi}{4} D_5^2$ $\qquad = 50,1 \qquad D_5 = 80$ mm,

$f_4 = \dfrac{\pi}{4} D_4^2 - \dfrac{\pi}{4} D_5^2$ $\qquad = 168 \qquad D_4 = 167$ mm,

$f_3 = \dfrac{\pi}{4} D_3^2 - \dfrac{\pi}{4} D_0^2$ $\qquad = 528 \qquad D_3 = 278$ mm,

$f_2 = \dfrac{\pi}{4} D_2^2 - \dfrac{\pi}{4} D_3^2$ $\qquad = 1470 \qquad D_2 = 514$ mm,

$f_1 = \dfrac{\pi}{4} D_1^2 - \dfrac{\pi}{4} D_4^2 + \dfrac{\pi}{4} D_1^2 - \dfrac{\pi}{4} D_2^2 \qquad = 4640 \qquad D_1 = 665$ mm.

Für die Berechnung der Leistungsaufnahme ist zu berücksichtigen, daß die indizierte Arbeit eines mehrstufigen Kompressors zufolge der Nebeneinflüsse größer ist als die adiabatische, man führt deshalb das Verhältnis beider Leistungen als indizierter Wirkungsgrad η_i ein. Die Reibungswiderstände sind mit dem mechanischen Wirkungsgrad η_m zu berücksichtigen. Man erhält

Adiabatische Arbeit: $AL_{ad} = 30{,}3 + 31{,}0 + 30{,}0 + 31{,}8 + 32{,}2 = 155{,}3$ kcal/kg

Indizierter Wirkungsgrad (geschätzt): $\eta_i = 0{,}8$

Mechanischer Wirkungsgrad (geschätzt): $\eta_m = 0{,}9$

Indizierte Leistungsaufnahme: $N_i = \dfrac{AL_{ad} \cdot G}{632 \cdot \eta_i} = \dfrac{155{,}3 \cdot 1745}{0{,}8 \cdot 632} = 536$ PS

Energiebedarf an der Hauptwelle: $N_e = 536/0{,}9 = 600$ PS

Isothermische Arbeit: $AL_{is} = 0{,}437 \cdot 293 = 128$ kcal/kg

Isothermische Leistungsaufnahme: $N_{is} = \dfrac{128 \cdot 1745}{632} = 357$ PS

Isothermischer Wirkungsgrad bezogen auf indizierte Leistung: $\eta_{is} = 357/536 = 0{,}628$.

Nach der gewöhnlichen Rechnung für ideale Gase wäre

$$AL_{is} = 115{,}4 \text{ kcal/kg},$$

d. h. etwa 10 vH weniger als die genauere Rechnung.

Um die Kraftverhältnisse im Gestänge kennenzulernen, ist die Kolbenkraft $P = f \cdot p$ für jede beliebige Stellung der Kurbel zu bestimmen. Das Entropiediagramm liefert zu jedem Punkt p, t der Kompressions- oder Expansionslinie das zugehörige v. Es ist nun nicht ratsam, die Funktion p, v aufzuzeichnen; man kommt rascher zum Ziel, wenn das Kraft-Weg-Diagramm für jeden Zylinderraum gesondert gezeichnet wird. Zu einer Ordinate P bestimmt sich die zugehörige Abszisse x, indem man den betreffenden Punkt mit dem Anfangspunkt vergleicht, dessen spezifisches Volumen v_1 und dessen Abszisse $(1 + \varepsilon_0)S$ bekannt sind. Es besteht die Proportion

$$\frac{x}{(1 + \varepsilon_0)S} = \frac{v}{v_1}.$$

Auf diese Weise erhält man für den fünfstufigen Kompressor 5 Diagramme von gleicher Breite, deren Ordinaten unter Berücksichtigung der Vorzeichen (treibende oder widerstehende Kräfte) zu addieren sind. Mit dem so erhaltenen resultierenden Diagramm bestimmen sich die Tangentialkräfte am Umfang des Kurbelkreises.

17. Die wirklichen Vorgänge mit Rücksicht auf die Nebenerscheinungen.

Zur Erkennung der verschiedenen Einflüsse dient das Indikatordiagramm in Verbindung mit genauen Messungen der Temperaturen und der Liefermengen. Zu diesem Zweck ist das Indikatordiagramm punktweise in das Entropiediagramm zu übertragen.

Im ersten Teil des Ansaugehubes beschleunigt sich der Kolben und ruft im Zylinder einen Unterdruck hervor, der die angesaugte Luftmenge aus dem Ruhezustand in Bewegung bringt und die Widerstände in den Steuerorganen überwindet. Im zweiten Teil des Hubes verzögert sich der Kolben; dasselbe geschieht mit der Luftbewegung, so daß sich die Strömungsenergie in Druck umsetzt. Am Ende des Saughubes ist daher der Unterdruck zum größten Teil oder ganz wieder verschwunden. Diese Zunahme des Druckes zufolge dynamischer Vorgänge muß der Verdichtung zugezählt werden, sie verlangt ebenfalls entsprechende Arbeit.

Es ist daher ausdrücklich darauf hinzuweisen, daß für die Eintragung des Anfangspunktes der Kompression in das Entropiediagramm der kleinste Druck während des Ansaugens gilt und nicht der Druck am Hubende.

Die Temperatur der Luft während des Ansaugens im Zylinder ist wesentlich größer als diejenige der Außenluft, weil Wärme von den warmen Zylinderwandungen und vom Kolbenkörper an die Luft abfließt, auch wenn diese Wandungen gekühlt werden. Ferner besitzt die Restluft am Ende der Ausdehnung häufig eine höhere Temperatur als die ankommende Außenluft, so daß sich eine Mischtemperatur einstellt.

Steht der Kompressor auf dem Versuchsfeld, so kann die Anfangstemperatur der Verdichtung bestimmt werden durch Messung des Fördergewichtes. Mit ihm und dem Gesamtvolumen erhält man das spezifische Volumen und aus der Zustandsgleichung die Temperatur.

Der wirkliche Verlauf der Kompressionslinie im Entropiediagramm ist nicht geradlinig. Im ersten Teil der Kompression ist die Luft noch kälter als die Wandungen und der Kolbenkörper, die Wärmeabgabe an die Luft setzt sich also fort. Dadurch steigt die Zustandslinie anfänglich rechts von der Adiabaten aufwärts ($A_1 B$, Abb. 12). Erst wenn die Temperatur der Luft zufolge der Verdichtung einen gewissen Betrag erreicht hat, kehrt sich der Wärmeaustausch um: die heiße Luft gibt Wärme durch die Wandungen an das Kühlwasser ab, so daß die Zustandslinie nach links abbiegt ($B A_2$).

Aus der durch Übertragen der Indikatordrucklinie erhaltenen Linie $A_1 B A_2$ (Abb. 12) ersieht man, daß die übliche Annahme einer adiabatischen Verdichtung nur angenähert richtig ist. Sie gilt für den Fall, wenn die gekrümmte Linie $A_1 A_2$ zuerst rechts, alsdann links von der Senkrechten ansteigt, wobei die Flächenabschnitte zu beiden Seiten der Senkrechten inhaltsgleich sein müssen. Liegt die ganze Kurve rechts von der Adiabaten $A_1 A_2'$, wie in Abb. 12 gezeichnet, so bedeutet das Flächenstück $A_1 B A_2 A_2' A_1$ (//////////) die Mehrarbeit gegenüber der Adiabaten. Zieht man an die Zustandslinie die senkrechte Tangente mit dem Berührungspunkt B, so schließt sie mit der Senkrechten durch A_1 und dem Kurvenstück $A_1 B$ einen Flächenstreifen ein, dessen Bedeutung die von den Wandungen einfließende Wärme ist. Zieht man durch den Endpunkt A_2 die Senkrechte, so stellt der unter $A_2 B$ liegende Streifen die vom Kühlwasser während der Verdichtung aufgenommene Wärme dar; beide Streifen sind bis zur Achse durch den absoluten Nullpunkt zu messen.

Während des Ausstoßens kühlt sich die Luft bereits etwas ab, die Ausdehnung der Restluft aus dem schädlichen Raum beginnt demnach bei einer kleineren Temperatur (A_3). Auch diese Wärme nimmt das Kühlwasser auf. Häufig ist dabei eine Druckabnahme verbunden, dann verschiebt sich der Anfangspunkt A_3 nach rechts.

Die Ausdehnung verläuft zunächst links von der Senkrechten durch A_3, solange die Luft noch wärmer ist als die Wandung ($A_3 C$). Mit der raschen Abnahme der Lufttemperatur wechselt der Austausch, die Luft nimmt Wärme auf und die Zustandslinie biegt sich stark nach rechts aus ($C A_4$). Diese Wärmezufuhr kann unter Umständen ziemlich bedeutend sein, da die Oberfläche des kurzen Zylinderstückes gegenüber dem Rauminhalt eine große ist.

Mit dem Endpunkt A_4 der Ausdehnung ist das spezifische Volumen v_4 bestimmt, das mit demjenigen v_3 in A_3 benützt werden muß, um den Diagramm-Liefergrad zu berechnen:

$$\lambda_0 = 1 - \varepsilon_0 \left(\frac{v_4}{v_3} - 1 \right).$$

Die Fläche unter dem Linienzug $E_4 A_3 C A_4$ bedeutet die zurückgewonnene Ausdehnungsarbeit $A L_e$ auf 1 kg Luft. Ihr Einfluß auf den Energiebedarf ergibt sich, wenn AL die Kompressionsarbeit bezogen auf das Nutzgewicht G_n bedeutet

$$G_n A L = A L_c (G_n + G_r) - A L_e G_r.$$

Nun ist die nutzbar geförderte Gewichtsmenge
$$G_n = \frac{\lambda V_h}{v_1}$$
und die Restluft
$$G_r = \frac{\varepsilon_0 V_h}{v_3},$$
folglich
$$AL = AL_c + \frac{\varepsilon_0 v_1}{\lambda v_3}(AL_c - AL_e). \tag{37}$$

Das zweite Glied kann positiv oder negativ sein, je nachdem die Verdichtungsarbeit größer oder kleiner als die Ausdehnungsarbeit ist. Findet eine kräftige Heizung der Luft während der Ausdehnung statt, so fällt das zweite Glied negativ aus, was für den Arbeitsbedarf günstig ist.

Nach Beendigung der Ausdehnung kann nun der Zylinder eine neue Ladung Luft von außen aufnehmen, die eintretende Menge mischt sich mit der Restluft. Aus der Temperatur der Restluft t_4 und der Außenluft t_0 entsteht die Mischtemperatur

$$t_m = \frac{G_n t_0 + G_r t_4}{G_n + G_r}. \tag{38}$$

Durch Wärmeaufnahme von den Wandungen erfährt die Luft — wie eingangs betont — eine weitere Erhöhung ihrer Temperatur von t_m auf den Anfangswert t_1 der Verdichtung.

7. Beispiel: Das Indikatordiagramm des in Beispiel 5 erwähnten Kolbengebläses ist in Abb. 12 in die TS-Tafel übertragen worden unter der Annahme einer Anfangstemperatur von $t_1 = 20^0$ C für die Verdichtung und von $t_3 = 66^0$ C für die Ausdehnung. Die Ausmessung der Abszissen x

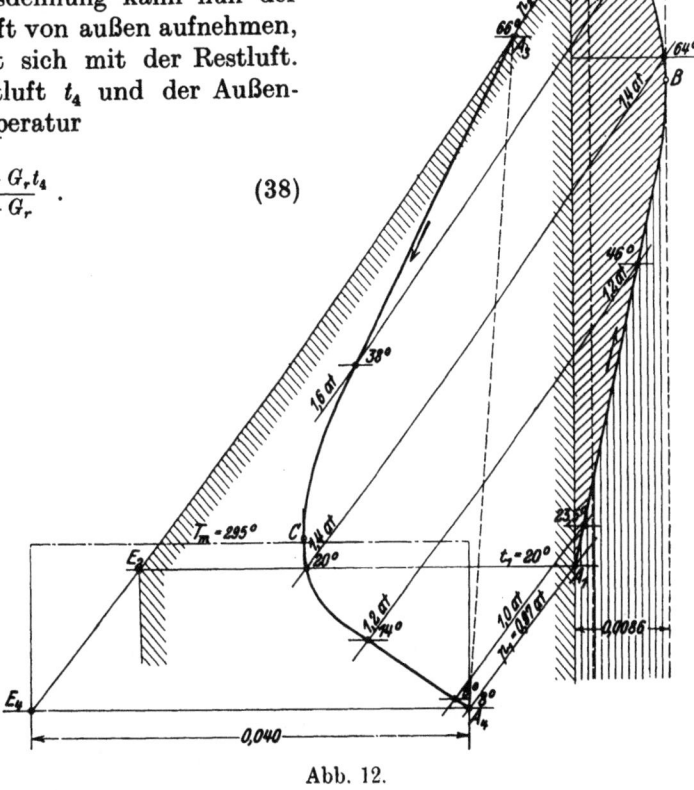

Abb. 12.

zu den gewählten Ordinaten p des Indikatordiagramms und die daraus berechneten Temperaturen ergeben die in Zahlentafel 6 aufgeschriebenen Werte:

Zahlentafel 6.

Kompression					Expansion			
p at	x mm	v m³/kg	T ⁰C	t ⁰C	x mm	v m³/kg	T ⁰C	t ⁰C
0,97	95,5	0,885	293	20	13	0,85	281	8
1,00	93,5	0,87	296,5	23,5	12,5	0,825	282	9
1,20	84	0,78	319	46	10,7	0,70	287	14
1,40	76	0,705	337	64	9,4	0,613	293	20
1,60	68,5	0,634	346	73	8,8	0,57	311	38
1,75	63	0,585	349	76	8,7	0,568	339	66

Mit den Werten p und t ist die Abb. 12 entstanden. Man erkennt die kräftige Heizung durch Kolben und Wandungen (A_1B); im oberen Teil der Verdichtung zeigt sich die Wirkung der Mantelkühlung (BA_2). Während der Ausstoßperiode kann sich die Gebläseluft von 76° auf 66° abkühlen. Im ersten Teil der Ausdehnung nehmen die Wandungen Wärme auf (A_3C), im zweiten Teil (CA_4) geben sie Wärme ab.

Die Verdichtungsarbeit AL_c setzt sich zusammen aus der Arbeit der Adiabate (░░░), vermehrt um das Flächenstück $A_1BA_2A_2'A_1$ (▓▓▓); letzteres findet sich als Produkt aus dem Entropiezuwachs 0,0086 mal Unterschied der mittleren absoluten Temperaturen der Flächenstücke unter BA_2A_2' und A_1B:

$$AL_c = 0{,}24\,(73{,}6 - 20) + 0{,}0086\,(346{,}5 - 310)$$
$$= 12{,}84 + 0{,}32 = 13{,}16 \text{ kcal/kg}.$$

Durch Ausmessen der Fläche $A_4CA_3E_4$ erhält man die mittlere Ordinate und damit die Ausdehnungsarbeit

$$AL_e = 0{,}04 \cdot 295 = 11{,}8 \text{ kcal/kg}.$$

Der Wärmewert der Kompressionsarbeit, bezogen auf die nutzbare Fördermenge, beträgt demnach

$$AL = 13{,}16 + \frac{0{,}1 \cdot 0{,}885}{0{,}93 \cdot 0{,}568}\,(13{,}16 - 11{,}8)$$
$$= 13{,}39 \text{ kcal}.$$

oder 4,3 vH mehr als bei adiabatischer Verdichtung. In gleichem Maße vergrößert sich der mittlere Druck und der Energiebedarf.

8. Beispiel: Aus dem Indikatordiagramm eines einstufigen Kompressors[1] (450 mm Zylinderdurchmesser, 500 mm Hub, 145 Uml./min, 3 vH schädl. Raum) entsteht das in die TS-Tafel eingezeichnete Bild des Vorganges Abb. 13. Hierbei wurde als Anfangstemperatur der Verdichtung 40° C gewählt. Man erhält zu den Drücken und den zugehörigen Abszissen x des Indikatordiagramms die in Zahlentafel 7 (Seite 33) eingeschriebenen Werte.

Aus dem Indikatordiagramm kann abgelesen werden

$$\lambda_0 = \frac{61{,}4 - 9{,}5}{61{,}4 - 1{,}8} = 0{,}871.$$

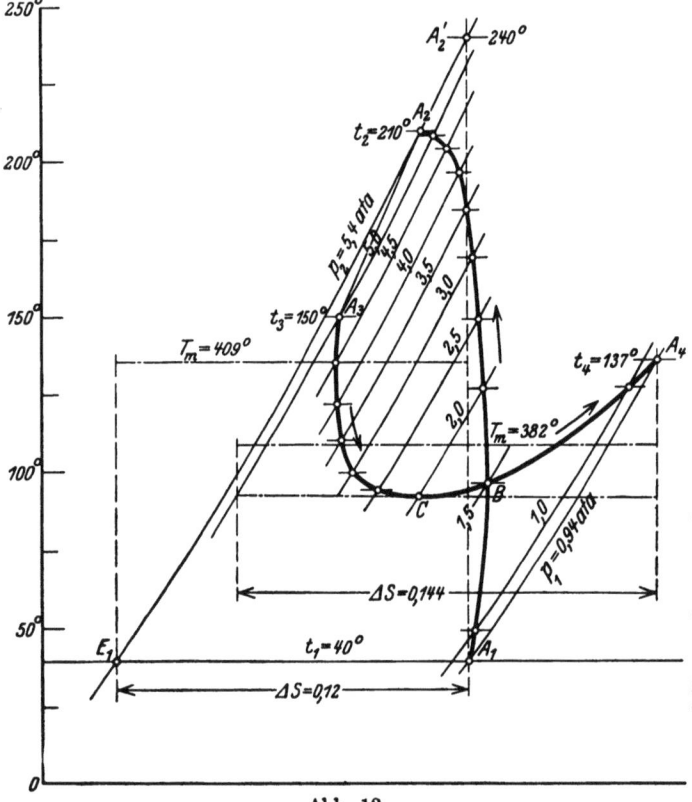

Abb. 13.

Dagegen ergibt sich mit dem spezifischen Volumen $v_4 = 1{,}28$ und $v_4 = 0{,}248$ sowie mit dem schädlichen Raum $\varepsilon_0 = 0{,}03$

$$\lambda_0 = 1 - 0{,}03\left(\frac{1{,}28}{0{,}248} - 1\right) = 0{,}875.$$

---
[1] Siehe Z. V. d. I. 1913, S. 542, Abb. 21.

Zahlentafel 7.

	Kompression				Expansion			
p kg/cm²	x mm	v m³/kg	T °C abs.	t °C	x mm	v m³/kg	T °C abs.	t °C
0,94	61,4	0,975	313	40	9,5	1,28	410	137
1,0	60,0	0,95	322,5	49,5	9,0	1,175	401	128
1,5	45,4	0,72	369,5	96,5	5,4	0,720	369,5	96,5
2,0	36,8	0,585	400	127	4,0	0,535	365,5	92,5
2,5	31,0	0,495	422	149	3,2	0,431	368	95,0
3,0	27,0	0,43	440	167	2,7	0,364	373	100
3,5	23,2	0,369	456,5	183,5	2,4	0,320	383	110
4,0	21,7	0,344	470	197	2,1	0,289	395	122
4,5	19,5	0,310	477	204	2,0	0,266	408	135
5,0	17,7	0,282	481	208	1,8	0,248	423	150
5,4	16,5	0,262	482	210	—	—	—	—

Die Übereinstimmung ist befriedigend.

Die Kompressionslinie verläuft auch hier zunächst rechts von der Adiabaten $A_1 A_2'$, biegt aber dann nach links über die Senkrechte, so daß die Verdichtungsarbeit nur wenig von derjenigen der adiabatischen Kompression abweichen kann. Man findet für die letztere

$$A L_{ad} = 0{,}242 \, (240 - 40) = 48{,}4 \text{ kcal/kg}.$$

Umfährt man das Flächenstück $A_2 B A_1 E_1 A_2$ mit dem Planimeter, um die Umwandlung in ein Rechteck von der Grundlinie $\Delta s = 0{,}12$ zu vollziehen, so ist die ganze Zustandsänderung durch eine Isotherme ersetzt, und man erhält

$$A L_c = \Delta s \cdot T_m = 0{,}12 \cdot 409 = 49 \text{ kcal/kg},$$

also fast Übereinstimmung mit der Adiabate, abgesehen vom Einfluß der Ausdehnungsarbeit.

Der Enddruck der Verdichtung (5,4 ata) fällt während des Ausstoßens auf den nutzbaren Druck ab (5,0 ata), die Temperatur von 210° auf 150°. Für die Bestimmung der Verdichtungsarbeit kommt aber allein der größte Druck $p_2 = 5{,}4$ ata in Betracht, da die ganze Menge auf diesen Druck zu bringen ist, unabhängig davon, ob während des Ausstoßens eine Drucksenkung stattfindet oder nicht.

Die Ausdehnung beginnt bei dem kleineren Druck (5,0 ata) Punkt A_3. Im ersten Teil der Ausdehnung wirkt der Mantel nur schwach kühlend; bald tritt eine kräftige Rückerwärmung durch die Umschließungswände ein, so daß die Temperatur gegen das Ende sogar wieder steigt. Dadurch wird eine Ausdehnungsarbeit $A L_e$ zurückgewonnen, die größer ist als die Verdichtungsarbeit, bezogen auf 1 kg. Man findet durch Umwandlung der Fläche in ein Rechteck

$$A L_e = 0{,}144 \cdot 382 = 55 \text{ kcal/kg}.$$

Ferner ist

$$\frac{G_r}{G_n} = \frac{\varepsilon_0 v_1}{\lambda v_3} = \frac{0{,}03 \cdot 0{,}975}{0{,}87 \cdot 0{,}248} = 0{,}1356,$$

folglich

$$A L = 49 - 0{,}1356 \, (55 - 49) = 48{,}2 \text{ kcal/kg}.$$

Die Rückerwärmung während der Ausdehnung vermindert demnach den Arbeitsbedarf um 0,8 kcal oder um 1,6 vH, dagegen wirkt sie schädlich auf den Liefergrad.

Durch die Mischung der Restluft und der mit 20° eintretenden Außenluft entsteht die Temperatur

$$t_m = \frac{20 + 0{,}1356 \cdot 137}{1{,}1356} = 34°.$$

Während des Ansaugens muß sich demnach die Luft noch von 34° auf 40° an den Wandungen erwärmen.

Für den mittleren Druck des Indikatordiagramms erhält man

$$p_i = \frac{AL \cdot 427 \cdot \lambda}{v_1} = \frac{48{,}2 \cdot 427 \cdot 0{,}87}{0{,}975} = 18400 \text{ kg/m}^2 \text{ (1,84 at).}$$

18. Luftpumpen für Unterdruck.

Die Luftpumpe hat den Zweck, einen Raum dauernd unter einem Druck zu halten, der kleiner ist als der äußere Luftdruck, obschon dem Raume absichtlich oder unabsichtlich (durch Undichtheiten) Luft oder sonstige Gase zugeführt werden.

Diese Pumpe kann daher aufgefaßt werden als Kompressor, der eine unter kleinem absolutem Druck befindliche Liefermenge in die freie Atmosphäre zu fördern hat. Tatsächlich ist der Ausstoßdruck im Zylinder etwas größer als der Außendruck, da die Widerstände in den Steuerorganen und in der Leitung zu überwinden sind. Die Kompressionsarbeit ist vom Druckverhältnis abhängig; die Förderung von 1 kg Luft verlangt daher dieselbe Arbeit, ob die Verdichtung von 1 auf 10 at oder von 0,1 auf 1 at erfolgt, falls in beiden Fällen die Zustandsänderung nach demselben Gesetz verläuft.

In der beiliegenden TS-Tafel II sind einige Kurven für kleine Pressungen (bis ungefähr 0,1 ata) und große Volumen gezeichnet. Damit läßt sich das Entropiediagramm der Luftpumpe in derselben Weise entwerfen, wie dies für Kompressoren gezeigt worden ist.

Zur Lösung der Aufgabe ist aber die Aufzeichnung der p-Linien für Drücke unter 1 ata nicht einmal nötig. Man kann einfach an den bestehenden Linien die Bezeichnungen ändern in der Art, daß die Linie $p = 100$ at in $p = 1$ at angeschrieben wird, dann ändert sich die p-Linie für 10 at in eine solche für 0,1 at und die p-Linie für 1 at in eine solche für 0,01 at. Diese Maßnahme ist allerdings nur richtig, wenn von der Veränderlichkeit der spezifischen Wärme abgesehen wird, was für die vorliegende Aufgabe zulässig ist. Die Veränderlichkeit dieses Wertes ist zwischen 1 und 10 at überhaupt unbedeutend.

Der Arbeitsbedarf AL für 1 kg ist um so größer, je größer der herzustellende Unterdruck, d. h. je kleiner der absolute Druck im Saugraum ist. Für eine Kolbenmaschine von bestimmten Abmessungen ist aber nicht das in der Zeiteinheit zu fördernde Gewicht maßgebend, sondern das Ansaugevolumen, dessen Größe selbst wieder vom Unterdruck abhängt.

Aus diesem Grunde ist es zweckmäßig, den Arbeitsbedarf AL' auf 1 m³ Ansaugevolumen zu berechnen:

$$AL' = \frac{AL}{v_1}. \tag{39}$$

Diese Arbeit ist für eine größere Anzahl von Unterdrücken zu bestimmen. Man erhält damit für einen bestimmten Unterdruck den Höchstwert, der für die Wahl des Antriebsmotors in Betracht fällt. Beim Anlassen der Maschine aus dem Ruhezustand nimmt die Arbeit mit dem Unterdruck von Null an zu bis zum Höchstwert; nach Überschreiten desselben nimmt die Arbeit wieder ab, weil das Fördergewicht abnimmt, das bei absoluter Luftleere den Wert Null erreicht.

Bestimmt man aus der Entropietafel die Werte AL auf 1 kg unter Annahme der adiabatischen oder der isothermischen Verdichtung für eine Reihe von Anfangsdrücken p_1 und entnimmt die zugehörigen spezifischen Volumen v_1, so findet man die Arbeiten auf 1 m³. Die in Zahlentafel 8 enthaltenen Werte gelten für adiabatische und für isothermische Verdichtung mit einer Temperatur im Saugraum $t_1 = 20°$ und einem Enddruck $p_2 = 1$ at. In Abb. 14 sind die Arbeiten in Abhängigkeit des Druckes aufgetragen.

Luftpumpen für Unterdruck.

Zahlentafel 8.

	$t_1 = 20°$,		$c_p = 0{,}24$,		$p_2 = 1$ ata	
p_1 ata	v_1 m³/kg	t_2 °C	AL_{ad} kcal/kg	AL'_{ad} kcal/m³	AL_{is} kcal/kg	AL'_{is} kcal/m³
1,0	0,86	20	0	0	0	0
0,8	1,07	39,5	4,7	4,40	4,69	4,38
0,6	1,43	66	11,0	7,70	10,25	7,18
0,4	2,14	110	21,6	10,10	18,5	8,65
0,35	2,45	123	24,7	10,10	21,1	8,65
0,30	2,86	140	28,8	10,08	24,0	8,40
0,25	3,44	161	33,8	9,82	27,7	8,05
0,20	4,30	189	40,6	9,45	32,1	7,46
0,16	5,36	219	47,8	8,90	36,7	6,84
0,1	8,6	289	64,7	7,50	46,3	5,39

Aus diesen Betrachtungen lassen sich folgende Schlüsse ziehen:

Der Höchstwert des Arbeitsbedarfes tritt bei einem ganz bestimmten Unterdruck ein, der für vorliegende Annahmen bei etwa 0,3 ata liegt.

Wird ein größerer Unterdruck im Dauerbetrieb verlangt, so ist der Arbeitsbedarf kleiner, trotzdem muß der Antriebsmotor für den Höchstwert bemessen werden, der in der Anlaufperiode überschritten wird.

Wird ein kleinerer Unterdruck verlangt, so kann der Antriebsmotor dem Arbeitsbedarf dieses Druckes entsprechend bemessen werden. Es empfiehlt sich aber auch in diesem Fall, den Motor stark genug zu wählen, um auch die Höchstleistung bewältigen zu können.

Verläuft die Kompression adiabatisch, so entstehen recht hohe Endtemperaturen; der Zylinder sollte daher ausgiebige Wasserkühlung erhalten, wobei alsdann eine polytropische Verdichtung mit $m = 1{,}3$ vorausgesetzt werden darf. Bei Anwesenheit von Wasser im Saugraum nähert sich die Zustandsänderung der Isotherme.

Zur Erzeugung hoher Unterdrücke ist die Verdichtung in zwei Stufen zu teilen. Wird eine Zwischenkühlung angeordnet, so bleiben die Temperaturen in zulässigen Grenzen.

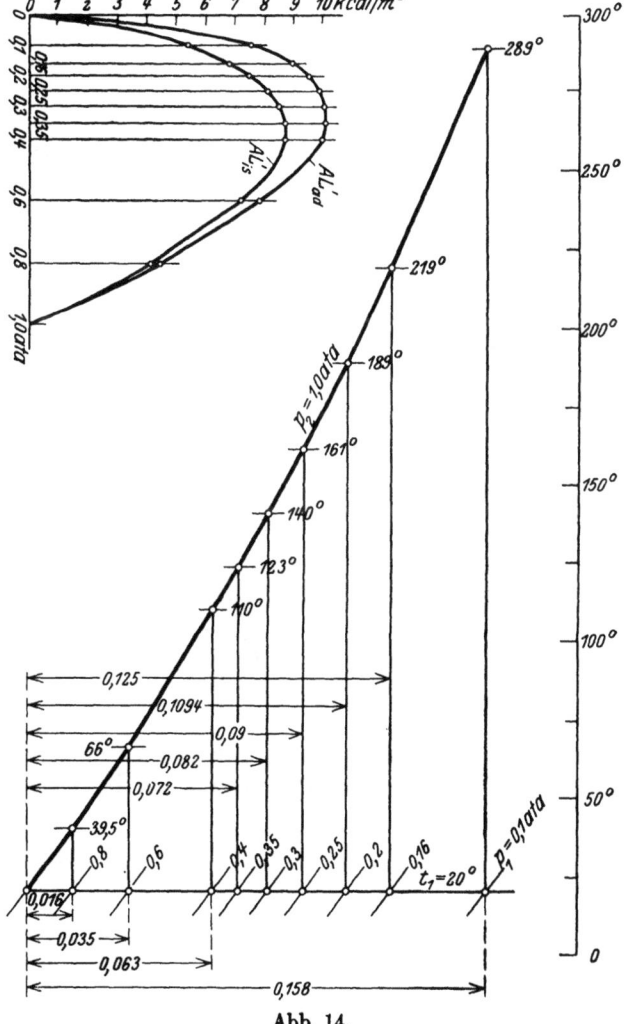

Abb. 14.

Als Hauptvorteil der mehrstufigen Luftpumpen ist die Erhöhung des Liefergrades zu nennen. Der schädliche Raum ist bei diesen Pumpen von hohem Einfluß auf die Liefermenge.

IV. Berechnung der Turbokompressoren.

19. Druckerhöhung im Schaufelrad.

Das umlaufende Schaufelrad gibt die ihm zugeführte Energie an die durchfließende Luft ab und bringt in ihr eine Druckerhöhung hervor, die sich bei reibungsloser idealer Strömung aus der Gleichung

$$H = \frac{u_2^2 - u_1^2}{2g} + \frac{w_1^2 - w_2^2}{2g} + \frac{c_2^2 - c_1^2}{2g} \qquad (40)$$

berechnet. Das erste der drei Glieder stellt die Wirkung der Fliehkraft dar; die beiden anderen ergeben sich durch die Umsetzung von Geschwindigkeit in Druck im Laufrad und im Diffusor (Leitrad). Die Summe H der drei Glieder bedeutet die erzeugte theoretische Druckhöhe, gemessen in Meter Flüssigkeitssäule, und zwar derjenigen Flüssigkeit, die gefördert wird, in unserem Fall also Luftsäule. Wie die Gl. (40) zeigt, ist diese Druckhöhe von der Natur des zu fördernden Stoffes unabhängig.

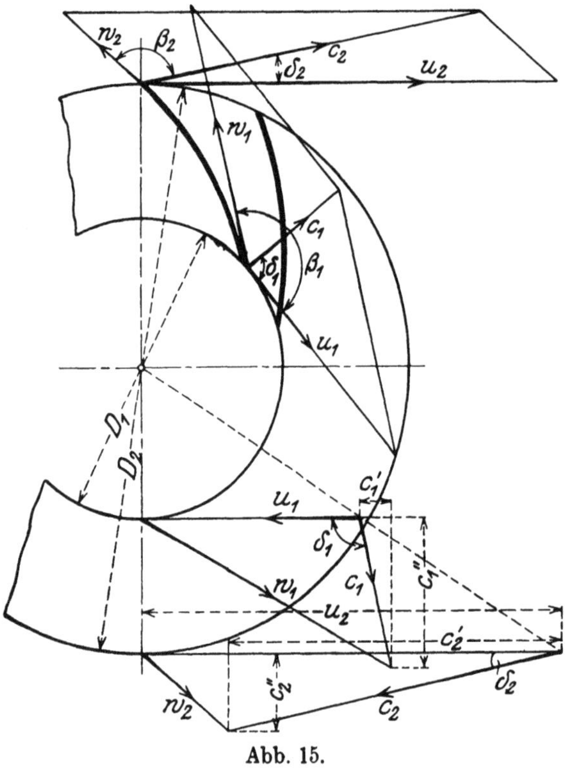

Man kann die Grundgleichung durch einige Umformungen wesentlich vereinfachen. Bezeichnet α_2 den Winkel zwischen der absoluten Austrittsgeschwindigkeit c_2 und der Umfangsgeschwindigkeit u_2, so folgt aus dem Dreieck (Abb. 15)

$$w_2^2 = u_2^2 + c_2^2 - 2c_2 u_2 \cos\alpha_2,$$

ebenso

$$w_1^2 = u_1^2 + c_1^2 - 2c_1 u_1 \cos\alpha_1,$$

womit

$$H = \frac{u_2 c_2 \cos\alpha_2}{g} - \frac{u_1 c_1 \cos\alpha_1}{g} \quad \text{(Euler 1754)}.$$

Setzt man für normalen Gang voraus, die Luft trete in radialer Richtung in das Rad ein, d. h. $\alpha_1 = 90°$, so ist

$$H = \frac{u_2 c_2 \cos\alpha_2}{g} = \frac{u_2 c_{2u}}{g}. \qquad (41)$$

Abb. 15.

Eine andere Form der Gleichung erhält man durch Einführung des Winkels β_2 zwischen der Schaufeltangente und dem äußeren Umfang oder zwischen w_2 und u_2.

Es ist

$$\frac{c_2}{u_2} = \frac{\sin\beta_2}{\sin(\beta_2 - \alpha_2)}$$

und

$$H = \frac{u_2^2}{g} \frac{\sin\beta_2 \cos\alpha_2}{\sin\beta_2 \cos\alpha_2 - \cos\beta_2 \sin\alpha_2},$$

$$H = \frac{u_2^2}{g} \varphi. \qquad (42)$$

worin die Winkelfunktion

$$\varphi = \frac{\operatorname{tg}\beta_2}{\operatorname{tg}\beta_2 - \operatorname{tg}\alpha_2}. \qquad (43)$$

Die Schaufeln werden meistens nach rückwärts gekrümmt im Sinne der Drehbewegung betrachtet, d. h. $\beta_2 > 90°$ und $\varphi < 1$. In Zahlentafel 9 sind einige Werte enthalten.

Zahlentafel 9. Werte der Winkelfunktion.

$\alpha_2 =$	14°	16°	18°	20°
$\beta_2 = 100°$	0,96	0,95	0,945	0,94
$= 110°$	0,92	0,91	0,897	0,885
$= 120°$	0,875	0,86	0,845	0,828
$= 130°$	0,84	0,81	0,787	0,768
$= 140°$	0,77	0,745	0,720	0,790

Nun ist die tatsächlich erreichbare Druckhöhe h wesentlich kleiner als die aus der Eulerschen Gl. (42) berechnete theoretische Höhe H. Man setzt daher

$$h = \eta_h H. \qquad (44)$$

Dieser sog. „hydraulische Wirkungsgrad" hat die Bedeutung einer Berichtigung der Eulerschen Gleichung; er berücksichtigt nicht nur Stoß und Reibung beim Durchfließen, sondern auch den Einfluß der endlichen Schaufelzahl. Bei Entwurfsrechnungen wählt man diese Zahl nach der Erfahrung. Für gute Ausführungen und normalen Gang findet man

$$\eta_h = 0{,}72 \text{ bis } 0{,}78.$$

Für die Bewertung der Gebläsewirkung ist nicht die erreichbare Druckhöhe maßgebend, sondern die Druckzunahme, gemessen in kg/m² (dem Zahlenwert gleich mit Millimeter Wassersäule). Man erhält die Druckzunahme als Endprodukt aus Druckhöhe mal spezifischem Gewicht der Flüssigkeit, d. h. der Luft.

Im Verlauf der Verdichtung nimmt das spezifische Gewicht der Luft etwas zu; es empfiehlt sich daher, für $\gamma = 1/v$ einen Mittelwert einzusetzen, der sich zufolge der verhältnismäßig kleinen Druckerhöhung nur wenig vom Anfangswert unterscheidet und mit Benützung der TS-Tafel abzuschätzen ist.

Damit ergibt sich

$$\Delta p = h \cdot \gamma_m = \frac{h}{v_m}. \qquad (45)$$

Man erkennt, daß die Druckzunahme nicht mehr unabhängig vom geförderten Stoff ist. Da das spezifische Volumen der Luft groß ist, ergibt sich trotz der großen Umfangsgeschwindigkeit nur eine kleine Druckerhöhung, wenigstens bei kleinen Anfangspressungen.

Setzt man z. B.

$\eta_h = 0{,}72 \qquad \varphi = 0{,}9$

$v_m = 0{,}825 \qquad 0{,}79 \qquad 0{,}76 \text{ m}^3/\text{kg}$

so wird bei $u_2 = 120 \qquad 180 \qquad 220 \text{ m/sek}$

$\Delta p = 1150 \qquad 2690 \qquad 4200 \text{ kg/m}^2.$

Man erhält demnach erst bei Anwendung der sehr bedeutenden Umfangsgeschwindigkeit von 220 m/sek eine Druckerhöhung von 0,42 at.

Mit Δp ist nun der Enddruck in der Verdichtung

$$p_2 = p_1 + \Delta p$$

bestimmt und kann in die Entropietafel eingezeichnet werden. Die Senkrechte $A_1 A_2'$ vom Anfangspunkt A_1 bis zur p-Linie (Abb. 16) stellt die verlustfreie adiabatische Verdichtung dar, die nur auftreten würde, wenn keine Wärme in irgendeiner Form zugeführt würde. Der Flächenstreifen unter dem Kurvenstück $A_2' E_1$ bedeutet den Wärmewert der Verdichtungsarbeit.

In Wirklichkeit verläuft der Vorgang rechts von der Senkrechten, und zwar nach der schräg aufsteigenden Geraden $A_1 A_2$, denn es muß dem Rad eine größere Arbeit zugeführt werden, als zur adiabatischen Verdichtung nötig ist. Dieser Mehrbetrag wird ebenfalls in Wärme umgewandelt und bringt eine weitere Temperaturerhöhung auf den Endwert t_2 hervor (Punkt A_2). Die Fläche unter der Zustandslinie $A_1 A_2$ (||||||||||) bedeutet die Reibungswärme, die zum größten Teil durch die Scheibenreibung in dem sie umgebenden Stoff aus der Arbeit gebildet wird. Ein unbedeutender Rest entsteht durch die Reibungsverluste während des Durchflusses der Luft durch die Kanäle. Wie aus dem Diagramm Abb. 16 ersichtlich ist, kommt noch das Stück $A_1 A_2 A_2'$ als Mehrbedarf hinzu. Der ganze Arbeitsbedarf ist daher dargestellt als Flächenstreifen unter dem Linienstück $A_2 E_1$ und beträgt

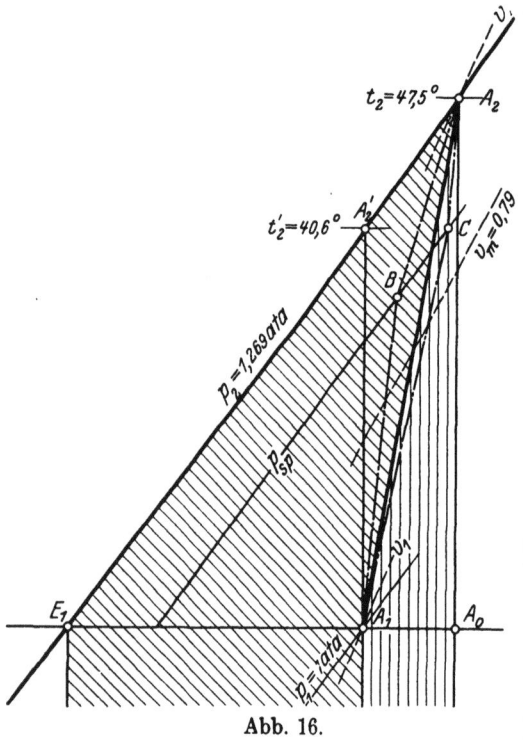

Abb. 16.

$$A L = c_p (t_2 - t_1).$$

Durch Vergleich dieser Arbeit mit der idealen erhält man den sog. „adiabatischen" Wirkungsgrad

$$\eta_{ad} = \frac{c_p (t_2' - t_1)}{c_p (t_2 - t_1)} = \frac{t_2' - t_1}{t_2 - t_1}. \quad (46)$$

An der ausgeführten und im Betriebe befindlichen Maschine läßt sich t_2 messen und damit η_{ad} berechnen. Für den Entwurf muß η_{ad} angenommen werden oder läßt sich nach Berechnung der Radscheibenreibung bestimmen, wie später gezeigt werden soll.

Wie schon erwähnt, muß bei der Berechnung der Druckzunahme Δp das spezifische Volumen v_m als Mittelwert zwischen Anfangs- und Endzustand geschätzt werden, obschon man den Endzustand noch nicht kennt. Zeichnet man die mit Δp erhaltene p_2-Linie sowie die v_m-Linie in das Diagramm ein, so zeigt sich, ob der gewählte Wert v_m dem Mittel genügend nahe kommt. Ist dies nicht der Fall, so muß die Berechnung von Δp mit einem besseren Mittelwert v_m wiederholt werden. Bei den vorkommenden kleinen Druckzunahmen ist dieses Verfahren genügend genau und führt rasch zum Ziel.

Auf dem Versuchsstand läßt sich der Druck p_{sp} und die Temperatur der Luft im Spalt zwischen Lauf- und Leitrad messen. Damit zeigt sich der Anteil des Lauf- und Leitrades an der Gesamtwirkung. Die Druckerhöhung wird ungefähr zu ⅔ vom Laufrad und ⅓ vom Diffusor bestritten; für den Spalt gilt B als Zustandspunkt, wenn die Radscheibenreibung klein und die Verluste im Diffusor verhältnismäßig groß sind, im andern Fall kann der weiter rechts liegende Punkt C für den Zustand im Spalt erhalten werden. Die wirkliche Zustandslinie verläuft daher nicht immer geradlinig, doch hat dieser Umstand auf die Berechnung der Arbeit keinen Einfluß, da die gesamte Arbeitsfläche unverändert bleibt.

20. Mehrstufige Turbogebläse ohne Kühlung.

Zur Verdichtung großer Luftmengen auf mäßig großen Überdruck werden zwei bis drei Schaufelräder hintereinander geschaltet, ohne Wasserkühlung zu verwenden. In Abb. 17 ist das Entropiediagramm eines dreistufigen Gebläses entworfen, das Luft vom Anfangszustand A_0 auf den Enddruck p_3 zu bringen hat.

Laufen die Räder auf derselben Welle mit der gleichen Umfangsgeschwindigkeit und besitzen sie gleiche Schaufelformen, so erzeugt jedes Rad dieselbe nutzbare Druckhöhe

$$h = \varphi \frac{u_3^2}{g} \cdot \eta_h$$

und man erhält für die drei Enddrücke

$$p_1 = p_0 + \frac{h}{v_{m1}}, \qquad p_2 = p_1 + \frac{h}{v_{m2}}, \qquad p_3 = p_2 + \frac{h}{v_{m3}}.$$

Die spezifischen Volumen v_{m1}, v_{m2} und v_{m3} sind der Reihe nach als Mittelwerte zwischen dem Anfangs- und Endzustand einer jeden Stufe aus der TS-Tafel abzuschätzen und nach Eintragen des gefundenen Druckes auf die Richtigkeit zu prüfen. Zufolge der Erwärmung der Luft büßt jede Stufe an Leistungsfähigkeit gegenüber der vorangehenden etwas ein. Das Verhältnis zweier aufeinander folgender Pressungen nimmt ab und der ganze Entropiewert $A_0 E_3$ wird von den p-Linien ungleich geteilt ($A_0 E_1 > A_1 E_2$).

Für den Wärmewert der Betriebsarbeit folgt

$$AL = c_p(t_1 - t_0) + c_p(t_2 - t_1) + c_p(t_3 - t_2)$$
$$= c_p(t_3 - t_0) \qquad (47)$$

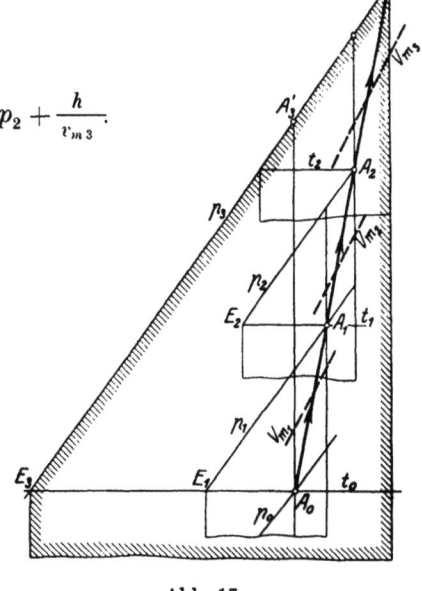

Abb. 17.

Diese Größe ist dargestellt als gesamter Flächenstreifen unter der Linie $A_3 E_3$; die Wirkung ist demnach die gleiche, als ob die ganze Druckstufe von p_0 nach p_3 in einem einzigen Rad bewältigt würde.

9. Beispiel: An einem dreistufigen Turbogebläse ohne Wasserkühlung hat der Verfasser in mehrstündigem Dauerversuch folgende Werte unter Benutzung sorgfältig geprüfter Instrumente bestimmt:

Energie, durch die Kupplung eingeführt . . $N_e = 200$ PS
Umlaufzahl in der Minute . . . . $n = 3200$
Barometerstand . . . . $B = 9930$ mm Wassersäule
Unterdruck im Saugrohr . . . . $= 160$ „ „
Druck „ „ . . . . $p_0 = 9770$ kg/m²
Temperatur „ „ . . . . $t_0 = 20{,}2^0$ C
Überdruck „ Druckrohr . . . . $= 3490$ mm Wassersäule
Druck „ „ . . . . $p_3 = 13420$ kg/m²
Temperatur „ „ . . . . $t_3 = 59{,}5^0$ C
Überdruck vor Düse . . . . $= 640$ mm Wassersäule
Druck . „ „ . . . . $p_d = 10570$ kg/m²
Temperatur „ „ . . . . $t_d = 57{,}6^0$ C
Durchmesser der gut abgerundeten Mündung $d = 200$ mm.

Zur Bestimmung der Ausflußmenge trägt man den Zustand $p_d t_d$ in die in vergrößertem Maßstab gezeichnete TS-Tafel und zieht die Adiabate bis zum Außendruck

$B = 0{,}993$ ata. Die dort abgelesene Temperatur beträgt $51{,}6^0$, so daß die Ausflußgeschwindigkeit den Betrag annimmt

$$c = 91{,}5 \sqrt{0{,}24\,(57{,}6 - 51{,}6)} = 110 \text{ m/sek},$$

folglich ist die Ausflußmenge

$$V = \mu f c = 0{,}98 \cdot 0{,}0314 \cdot 110 \cdot 60 = 203 \text{ m}^3/\text{min}.$$

In der Mündung hat die Luft das spezifische Volumen

$$v_{ad} = 0{,}956 \text{ m}^3/\text{kg},$$

somit findet sich das Fördergewicht zu

$$G = \frac{203}{0{,}956} = 212 \text{ kg/min}.$$

Das vom Kompressor angesaugte Volumen beträgt

$$V_0 = G v_0 = 212 \cdot 0{,}877 = 187 \text{ m}^3/\text{min}.$$

Trägt man Anfangs- und Enddruck p_0 und p_3 in die TS-Tafel, so bestimmt sich die Endtemperatur der adiabatischen Kompression zu

$$t'_3 = 48{,}4^0 \text{ C},$$

folglich ist der adiabatische Wirkungsgrad

$$\eta_{ad} = \frac{t'_3 - t_0}{t_3 - t_0} = \frac{48{,}4 - 20{,}2}{59{,}5 - 20{,}2} = 0{,}722.$$

Setzt man für rückwärts gekrümmte Schaufeln $\varphi = 0{,}85$ und für den hydraulischen Wirkungsgrad $\eta_h = 0{,}71$, so ist bei $u_2 = 125{,}6$ m/sek (Raddurchmesser 750 mm) die Druckhöhe für jede Stufe

$$h = \varphi \frac{u_2^2}{g} \eta_h = 0{,}85 \frac{125{,}6^2}{9{,}81} 0{,}71 = 971 \text{ m Luftsäule}.$$

Damit ergibt sich folgende Druckverteilung:

I. Stufe: $p_0 = 9770$ $v_m = 0{,}84$ $\Delta p = \dfrac{971}{0{,}84} = 1158 \text{ kg/m}^2$,

$p_1 = 9770 + 1158 = 10928 \text{ kg/m}^2$.

II. Stufe: $p_1 = 10928$ $v_m = 0{,}80$ $\Delta p = \dfrac{971}{0{,}80} = 1214 \text{ kg/m}^2$,

$p_2 = 10928 + 1214 = 12142 \text{ kg/m}^2$.

III. Stufe: $p_2 = 12142$ $v_m = 0{,}75$ $\Delta p = \dfrac{971}{0{,}75} = 1298 \text{ kg/m}^2$,

$p_3 = 12142 + 1298 = 13440 \text{ kg/m}^2$.

Der Enddruck stimmt mit dem gemessenen Wert fast genau überein, der adiabatische Wirkungsgrad ist demnach in guter Übereinstimmung mit den Versuchsergebnissen.

Eine andere Kontrolle über die Zuverlässigkeit der Messungen folgt mit der Berechnung des Energiebedarfes aus der entstandenen Wärme. Man erhält

$$AL = 0{,}24\,(59{,}5 - 20{,}2) = 9{,}36 \text{ kcal/kg},$$

$$N_e = \frac{G(AL)427}{60 \cdot 75} = \frac{212 \cdot 9{,}36 \cdot 427}{60 \cdot 75} = 189 \text{ PS}.$$

Dieser Betrag ist nur um 11 PS kleiner als der gemessene Arbeitsbedarf. Als Grund dieses Unterschiedes muß die Wärme angesehen werden, die von der Oberfläche des Gehäuses an die Umgebung abfließt; ferner ist die Lagerreibung nicht berücksichtigt, wodurch der gefundene Unterschied völlig erklärt ist.

Die ideale isothermische Verdichtung verlangt eine Entropieänderung von

$$\Delta s = 0{,}0216,$$

daher ist die Arbeit

$$AL_{is} = 0{,}0216 \cdot 293{,}2 = 6{,}32 \text{ kcal/kg},$$

$$N_{is} = \frac{212 \cdot 6{,}32 \cdot 427}{60 \cdot 75} = 127{,}5 \text{ PS}$$

und schließlich der isothermische Wirkungsgrad

$$\eta_{is} = \frac{127{,}5}{200} = 0{,}637.$$

21. Einwirkung der Kühlung innerhalb einer Stufe.

Werden die Trennungswände zwischen den einzelnen Radkammern hohl ausgeführt und für kräftigen Wasserumlauf in den gebildeten Räumen gesorgt, so findet ein Wärmeentzug während der Verdichtung statt. Diese Wirkung wird sich zum größten Teil auf das feststehende Leitrad bzw. auf den Diffusorraum und die Rückführkanäle erstrecken, das Laufrad bleibt unbeteiligt, da es durch eine Luftschicht von den gekühlten Seitenwänden getrennt ist, die wenig Wärme durchläßt.

Die Zustandsänderung verläuft ähnlich wie bei Kolbenkompressoren mit Mantelkühlung nach der gekrümmten Linie $A_1 A_2$ (Abb. 18), die von der Adiabate $A_1 A_2'$ nach links abbiegt. Sie kann sogar im ersten Teil der Verdichtung rechts von der Adiabate aufsteigen, wenn die Anfangstemperatur der Luft nur wenig höher ist als die Temperatur des Kühlwassers; erst im weiteren Verlauf der Kompression kommt die Kühlung zur Wirkung, wodurch die Zustandslinie nach links abbiegt.

Vergleicht man diesen Vorgang mit demjenigen im ungekühlten Gebläse, bei dem die Verdichtung nach der schräg rechts ansteigenden Linie $A_1 B$ erfolgt, so ist ohne weiteres zu erkennen, daß die Fläche unter $A_1 B$ wieder die Reibungswärme darstellt, die in Form von Arbeit zugeführt werden muß, gleichgültig, ob eine Kühlung vorhanden ist oder nicht. Soll die Zustandsänderung von

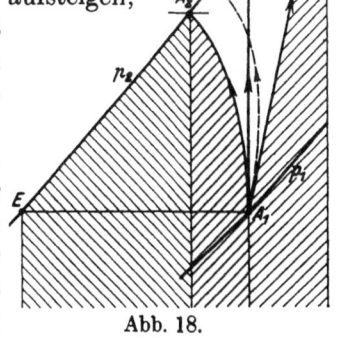

Abb. 18.

A_1 nach A_2 vor sich gehen statt nach $A_1 B$, so muß das Kühlwasser nicht nur die Reibungswärme (Fläche unter $A_1 B$) abführen, sondern auch die unter $A_1 A_2$ liegende Wärmefläche (/////////). Bei genügend großen Kühlflächen kann die Abkühlung noch weiter wirken; die Anfangstemperatur wird erreicht, wenn das Kühlwasser noch diejenige Wärme fortführt, die durch die Fläche unter $A_2 E$ dargestellt ist (\\\\\\\\ ).

Wie aus Abb. 18 zu ersehen ist, bewirkt die Kühlung innerhalb der Stufe eine Verminderung der Verdichtungsarbeit um das (nicht gestrichelte) Flächenstück $A_1 A_2 B$. Im Vergleich zur ganzen Arbeitsfläche ist dieser Gewinn so klein, daß er in der Berechnung unbedenklich außer acht gelassen werden kann. Man erhält damit das Ergebnis, daß die Kühlung im einstufigen Gebläse wenig Wirkung hat, denn sie vermindert den Energiebedarf nur unmerklich. Aus diesem Grunde ist es zulässig, wenn bei zwei- und dreistufigen Gebläsen die Kühlung überhaupt nicht angewendet wird, was den Bau der Maschine vereinfacht.

22. Mehrstufige Kompressoren mit vollkommener Kühlung.

Obschon die Wärmeableitung innerhalb einer Stufe den Arbeitsbedarf nur wenig vermindert, besitzt die Kühlung doch große Bedeutung, wenn viele Räder hintereinander geschaltet sind. Man erkennt diese Wirkung am besten, wenn das Entropiediagramm unter der Voraussetzung gezeichnet wird, das Gas vermöge sich zwischen je zwei Stufen bis zur Temperatur am Anfang der ersten Stufe abzukühlen. Ob dieser Wärmeentzug zum Teil schon innerhalb einer Stufe geschieht, oder ob die entstandene Wärme wirklich völlig zwischen der einen und der nächstfolgenden Stufe entfernt wird, ist nach den gegebenen Erklärungen ohne Belang.

Das Bild des Vorganges zeigt die in Abb. 19 dargestellte Zickzacklinie. Sind die Durchmesser und die Umfangsgeschwindigkeiten der verwendeten Räder gleich groß und besitzen sie dieselben Schaufelformen, so erzeugt jedes Rad dieselbe Druckhöhe h, daher ist

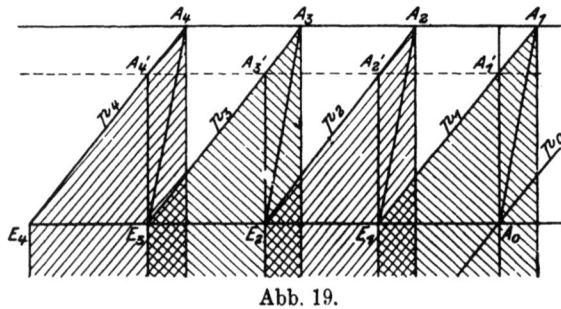

Abb. 19.

für die erste Stufe
$$h = (p_1 - p_0) v_{m1} = \left(\frac{p_1}{p_0} - 1\right) p_0 v_{m1},$$

für die zweite Stufe
$$h = (p_2 - p_1) v_{m2} = \left(\frac{p_2}{p_1} - 1\right) p_1 v_{m2}.$$

Beide Gleichungen stimmen überein, wenn

$$\frac{p_1}{p_0} = \frac{p_2}{p_1} = \frac{p_3}{p_2} = \cdots = \frac{v_{m1}}{v_{m2}} = \frac{v_{m2}}{v_{m3}} = \cdots = x. \tag{48}$$

Diese Bedingungen lassen sich einhalten, wenn die Temperaturen am Anfange einer jeden Stufe gleich hoch sind; diejenigen am Ende jeder Stufe sind es dann auch, ferner die Entropiewerte jeder Stufe

$$A_0 E_1 = E_1 E_2 = E_2 E_3 = \cdots.$$

Um die Verteilung zu zeichnen, hat man daher nur nötig, die Gesamtentropie zwischen Anfangs- und Enddruck in z gleiche Abschnitte zu teilen, um das Bild der z Stufen zu erhalten. Bei gleichen Reibungswärmen sind die Wärmestreifen der einzelnen Zacken gleich groß und die Zustandslinien $A_0 A_1$, $E_1 A_2$, $E_2 A_3$ steigen mit gleicher Neigung aufwärts.

Durch Rechnung ergibt sich, wenn x das Druckverhältnis jeder Stufe bedeutet,

$$p_1 = x p_0, \qquad p_2 = x p_1 = x^2 p_0, \qquad p_3 = x^3 p_0, \qquad p_z = x^z p_0$$

und hieraus
$$x = \left(\frac{p_z}{p_0}\right)^{1/z}. \tag{49}$$

Da in jedem Rad derselbe Temperaturunterschied entsteht, beträgt die Arbeit aller z Stufen

$$A L = z \cdot c_p (t_1 - t_0) \text{ kcal/kg}. \tag{50}$$

Im Kühlwasser muß die Wärme abgeführt werden

$$Q = (z - 1) c_p (t_1 - t_0). \tag{51}$$

Die einzelnen Wärmeflächen liegen zum Teil übereinander, und zwar um so mehr, je größer der Entropiewert der Reibungswärme ist. Man erkennt auch hier die Entropievermehrung durch den nicht umkehrbaren Teil des Vorganges.

Für die Bewertung der gekühlten Kompressoren ist die isothermische Verdichtung als Idealvorgang zum Vergleich heranzuziehen. Je größer die Stufenzahl zur Erreichung eines bestimmten Enddruckes gewählt wird, desto kleiner fallen die einzelnen Zacken des Linienzuges aus, desto näher schmiegt sich der ganze Linienzug bei vollkommener Kühlung an die Isotherme an. Allerdings ist eine große Stufenzahl mit Schwierigkeiten der Ausführung verbunden. In neuester Zeit wird die Stufenzahl durch Steigerung der Umfangsgeschwindigkeit zu vermindern gesucht.

10. Beispiel: Die Luftmenge $V_s = 1200$ m³/min soll von $p_1 = 1$ ata auf $p_z = 12$ ata gebracht werden unter Verwendung von 12 Stufen.

Setzen wir vollkommene Kühlung voraus ($t_0 = 15^0$), so ergibt sich

Druckverhältnis jeder Stufe: $\quad x = (12)^{1/12} = 1,235$

Druckerhöhung der ersten Stufe: $\quad p_z - p_0 = 0,235$ at $= 2350$ kg/m²

Mittl. spez. Volumen der ersten Stufe: $\quad v_{m\,1} = 0,82$ m³/kg

Hydraulischer Wirkungsgrad (angenommen): $\eta_h = 0,72$

Winkelfunktion (angenommen): $\quad \varphi = 0,85$

Umfangsgeschwindigkeit: $u_2 = \sqrt{\dfrac{g \cdot v_m \cdot \varDelta p}{\varphi \cdot \eta_h}} = \sqrt{\dfrac{9,81 \cdot 0,82 \cdot 2350}{0,85 \cdot 0,72}} = 176$ m/sek

Drehzahl: $\quad n = 3200, \quad D_2 = 1,0$ m Durchm.

Leistungsaufnahme bei isothermischer Verdichtung:

$$N_{is} = \frac{p_0 V_s \ln p_z/p_0}{50 \cdot 75} = \frac{10\,000 \cdot 1200 \cdot 2,303 \cdot 1,079}{60 \cdot 75} = 6600 \text{ PS}$$

Isothermischer Wirkungsgrad (geschätzt): $\eta_{is} = 0,65$

Leistung einzuführen: $N_e = 6600/0,65 = 10\,100$ PS.

23. Unvollkommene Kühlung.

Die Kühlung eines vielstufigen Turbokompressors kann auf zwei verschiedene Arten erfolgen. Sehr verbreitet ist die reine Zwischenkühlung, bei der nach je zwei oder drei ungekühlten Stufen ein besonderer Kühler eingeschaltet ist, der sich in der Nähe des Gehäuses befindet oder unmittelbar an dasselbe angeschlossen ist. Damit entsteht der Vorteil, daß in den Zwischenwänden der einzelnen Stufen kein Wasser umläuft; das eigentliche Maschinengehäuse bleibt also im trockenen Zustand und die Zwischenkühler sind leicht auf ihre Dichtheit zu prüfen und zu überwachen.

Die zweite Art kann als Mantelkühlung bezeichnet werden; das Kühlwasser durchläuft die hohle Zwischenwand jeder Stufe und den hohlen Mantel. Um die Kühlflächen groß zu erhalten, werden die äußeren Durchmesser der Zwischenwände und das Gehäuse recht groß ausgeführt. Ein anderes Mittel besteht darin, daß durch die äußeren Teile des Mantels Rohre parallel der Längsachse gezogen werden, durch die das Kühlwasser fließt.

Bei der ersten Art stützt sich die Aufzeichnung des Entropiediagramms auf die Methode, wie sie beim ungekühlten Gebläse erklärt worden ist. Das Diagramm erhält nach jeder Zwischenkühlung eine neue Zacke (Abb. 20). Für die Berechnung wird am einfachsten ausgegangen von der Annahme einer erreichbaren Druckhöhe h, die in Rücksicht auf eine zulässige Umfangsgeschwindigkeit gewählt wird. Damit ergeben sich die Druckzunahmen einer jeden Stufe

$$\varDelta p = h/v_m,$$

wobei die Werte v_m aus dem Diagramm von Stufe zu Stufe zu entnehmen sind. Im höheren Druckgebiet empfiehlt es sich, die zu erzeugende Druckhöhe kleiner zu wählen, hauptsächlich wegen der stark steigenden Radscheibenreibung, ferner wegen der sonst zu klein ausfallenden Radbreite. Bei kleiner gewählter Druckhöhe vermindert sich allerdings die Wirkung einer Stufe; bei großen Maschinen hat man sich dadurch geholfen, daß die Stufen des höheren Druckgebietes in besonderem Gehäuse untergebracht und mit besonderem Motor angetrieben wurden, dessen Drehzahl höher als diejenige im Niederdruckteil angesetzt wird.

Bei Kompressoren mit Mantelkühlung und Kühlwasser in den Zwischenwänden kann die in jeder Stufe sich bildende Wärme nicht vollständig abgeleitet werden, solange wenigstens die verdichtete Luft nur wenig wärmer ist als das umgebende Kühlwasser. Der Wärmedurchgang vollzieht sich um so kräftiger, je größer der Temperaturunterschied der Luft gegenüber dem Kühlwasser ist; daher kommt erst eine genügende Kühlwirkung zustande, wenn die Lufttemperatur 40 bis 50° erreicht hat. Im Verlauf der Verdichtung verbessert sich der Wärmedurchgang, da die Kühlfläche in jeder Stufe ungefähr die gleiche bleibt, die Kanalbreiten aber nach und nach abnehmen. Bekanntlich steigt die Wärmedurchgangsziffer mit zunehmendem Druck.

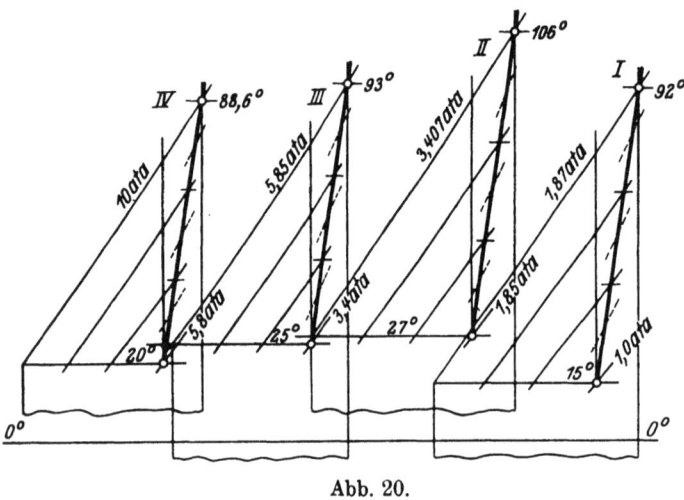

Abb. 20.

Diese Verhältnisse machen sich im Entropiediagramm deutlich bemerkbar (Abb. 21). Die Zacken steigen anfänglich steil aufwärts, bis die Kühlung wirksam wird, und biegen alsdann nach links ab. Die Verbindungslinie der Anfangspunkte für die Einzelverdichtungen bleibt nach dem Umbiegen für einige Stufen in gleicher Höhe, sie senkt sich gegen die letzten Stufen sogar, da die Kühlung fortwährend stärker zur Geltung kommt. Die einzelnen Wärmeflächen sind anfänglich stark ineinander verschoben. Über die Ausführung der Rechnung geben die nachfolgenden Beispiele Auskunft.

11. Beispiel: Es soll ein 12stufiger Turbokompressor berechnet werden, der die Luftmenge 1200 m³/min bei $p_0 = 1$ ata ansaugt und auf mindestens 10 ata verdichtet. Die Kühlung erfolge ausschließlich in 3 Zwischenkühlern, wodurch die Stufen zu 4 Gruppen zusammengefaßt werden.

Die beiden ersten Gruppen sollen befähigt sein, in jeder Stufe eine Druckhöhe von $h = 2000$ m Luftsäule zu erzeugen. Mit
$$\varphi = 0{,}81, \qquad \eta_h = 0{,}75$$
ergibt sich die Umfangsgeschwindigkeit
$$u_2 = \sqrt{\frac{2000 \cdot 9{,}81}{0{,}75 \cdot 0{,}81}} = 180 \text{ m/sek.}$$

Mit
$$D_2 = 1{,}6 \text{ m} \quad \text{wird} \quad n = 2150.$$

Für die beiden anderen Gruppen soll $h = 1750$ m Luftsäule betragen bei gleicher Drehzahl.

An Hand des Entropiediagramms (Abb. 20) erhält man die in Zahlentafel 10 zusammengefaßten Ergebnisse für die Enddrücke und Temperaturen.

Unvollkommene Kühlung.

Zahlentafel 10.

Gruppe	Stufen	v_m m³/kg	Δp kg/m²	Enddruck kg/cm²	Druck-verhältnis	Temperaturen Anfang °C	Temperaturen Ende °C
I $h = 2000$	1	0,78	2570	1,257	1,257	15	41,0
	2	0,68	2940	1,540	1,23	41,0	65,4
	3	0,61	3300	1,870	1,215	65,4	92
II $h = 2000$	4	0,44	4550	2,305	1,25	27	52,4
	5	0,39	5140	2,819	1,22	52,4	78,5
	6	0,34	5880	3,407	1,21	78,5	106
III $h = 1750$	7	0,240	7300	4,130	1,22	25	47,0
	8	0,215	8140	4,944	1,20	47	68,8
	9	0,194	9020	5,846	1,182	68,8	93,0
IV $h = 1750$	10	0,138	12700	7,07	1,22	20	42,5
	11	0,125	14000	8,47	1,20	42,5	65,4
	12	0,110	15900	10,06	1,19	65,4	88,6

Wie aus der Zahlentafel 10 ersichtlich ist, nehmen die Druckverhältnisse der Einzelstufen innerhalb einer Gruppe etwas ab; was durch das Fehlen der Kühlung begründet ist. Man erkennt die steigende Wirkung der oberen Stufen, obschon dort eine kleinere Druckhöhe erzeugt wird.

Für die weitere Berechnung ergeben sich folgende Werte:

Spez. Volumen im Saugrohr: $v_0 = \dfrac{29,3 \cdot 288}{10000} = 0,845 \text{ m}^3/\text{kg}$

Fördergewicht: $G = 1200/0,845 = 1420 \text{ kg/min}$

Arbeit für 1 kg Luft:

$$AL = 0,24 (92 - 15) + 0,24 (106 - 27) + 0,24 (93 - 25) + 0,24 (88,6 - 20)$$
$$= 70,15 \text{ kcal/kg}$$

Mechan. Wirkungsgrad (angenommen): $\eta_m = 0,97$

Energiebedarf: $N_e = \dfrac{70,15 \cdot 60 \cdot 1420}{632 \cdot 0,97} = 9720 \text{ PS}$

Leistung der Isotherme: $N_{is} = \dfrac{10000 \cdot 1200 \cdot 2,303}{60 \cdot 75} \cdot \text{Log } 10 = 6150 \text{ PS}$

Isotherm. Wirkungsgrad: $\eta_{is} = 0,632$

Wärme im Kühlwasser abgeführt:

$$Q_m = 0,24 (92 - 27) + 0,24 (106 - 25) + 0,24 (93 - 20) = 52,55 \text{ kcal/kg}$$

Wärme in der Druckluft abgeführt: $Q_l = 0,24 (88,6 - 15) = 17,60 \text{ kcal/kg}$

Meridiankomponente der Austrittsgeschwindigkeit, 1. Stufe (gewählt): $c_2'' = 45 \text{ m/sek}$

Spez. Volumen Ende 1. Stufe: $v_1 = 0,73$

Durchgangsfläche am Radumfang: $f_2 = \dfrac{1420 \cdot 0,73}{60 \cdot 45} = 0,384 \text{ m}^2$

Radbreite 1. Stufe: $b_2 = \dfrac{0,384}{3,14 \cdot 1,6 \cdot 0,95} = 0,08 \text{ m}$

Umfangsgeschwindigkeit der Gruppen III und IV: $u_2 = 180 \sqrt{\dfrac{1750}{2000}} = 168 \text{ m/sek}$

Raddurchmesser der Gruppen III und IV: $D_2 = 1,5 \text{ m}$.

12. Beispiel: Der in Abb. 21 dargestellte Verdichtungsvorgang bezweckt, die unvollkommene Kühlung während der einzelnen Stufen zu zeigen. Dabei ist die Annahme gemacht, in jeder der 6 ersten Stufen werde eine Druckhöhe von $h = 2000$ m Luftsäule erreicht, in den folgenden je 1000 m, wobei ein adiabatischer Wirkungsgrad von $\eta_{ad} = 0{,}74$ vorausgesetzt ist. Die gefundenen Werte sind in Zahlentafel 11 zusammengestellt.

Zahlentafel 11.

Stufe Nr.	v_m m³/kg	p_1 ata	Δp at	p_2 ata	p_2/p_1	t_1 °C	t_2 °C	$t_2 - t_1$ °C
			I. Gruppe, $h = 2000$ m					
1	0,8	1,000	0,250	1,250	1,25	20	46	26
2	0,67	1,250	0,300	1,550	1,24	38	64	26
3	0,58	1,55	0,345	1,895	1,225	52	78	26
4	0,48	1,895	0,417	2,312	1,219	62	88	26
5	0,40	2,312	0,500	2,812	1,219	68	95,9	27,9
6	0,33	2,812	0,606	3,418	1,218	71	99,7	28,7
								160,6
			II. Gruppe, $h = 1000$ m					
7	0,290	3,418	0,344	3,762	1,1	72	84	12,0
8	0,260	3,762	0,385	4,147	1,1	72	84	12,0
9	0,237	4,147	0,422	4,569	1,1	72	84,2	12,2
10	0,215	4,569	0,465	5,034	1,1	71,3	84	12,7
11	0,195	5,034	0,512	5,546	1,1	70,1	82,8	12,7
12	0,175	5,546	0,571	6,117	1,105	68,9	81,8	12,9
13	0,156	6,117	0,641	6,758	1,106	67,2	80,1	12,9
14	0,140	6,758	0,715	7,473	1,107	65,4	79,0	13,6
15	0,125	7,473	0,787	8,260	1,107	63,0	76,7	13,7
								114,7

Verdichtungsarbeit: $AL = 0{,}24\,(160{,}6 + 114{,}7) = 66{,}0$ kcal/kg.

In Abb. 21 ist noch eine Abänderung der Aufgabe enthalten, und zwar ist ein Zwischenkühler am Ende der 6. Stufe angenommen, der die Druckluft der ersten

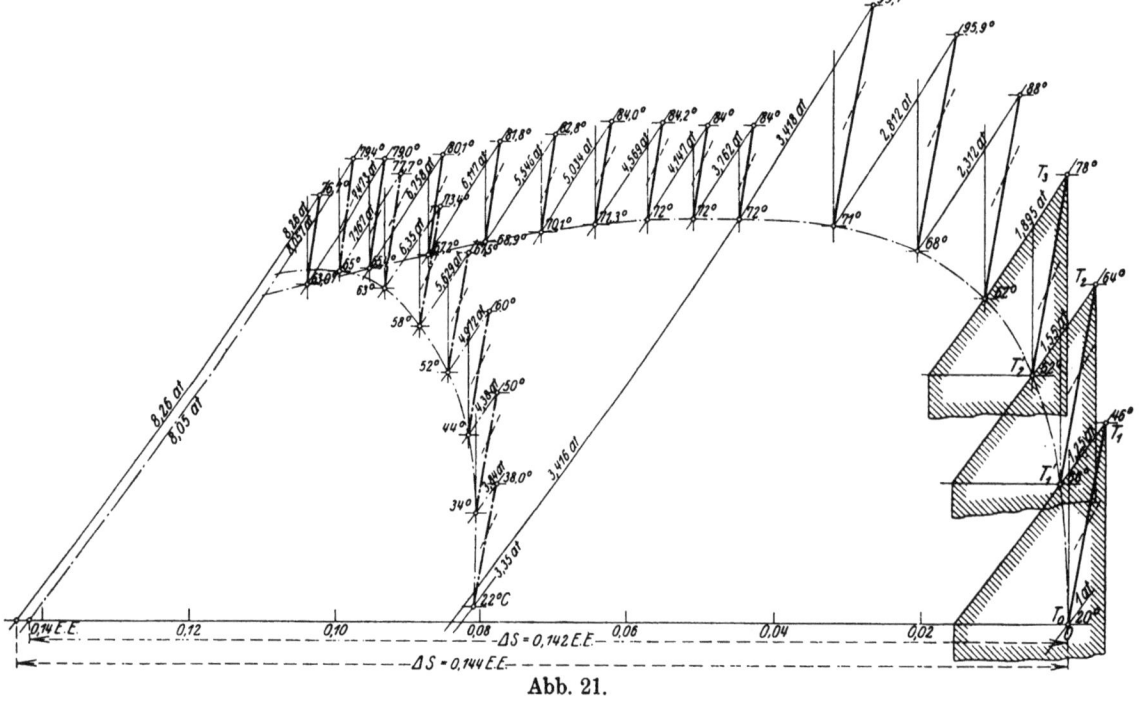

Abb. 21.

Gruppe auf 22° abkühlen soll. Dabei ist der Spannungsabfall berücksichtigt, den die Luft während des Durchfließens erleidet. Ferner ist vorausgesetzt, daß in jeder Stufe der zweiten Gruppe eine Druckhöhe von $h = 1200$ m erzeugt werden kann. Dadurch vermindert sich die Stufenzahl um 2 Räder, wenn der Enddruck 8 ata betragen soll. Die Werte in Zahlentafel 12 enthalten.

Zahlentafel 12.

Stufe	v_m	p_1	Δp	p_2	p_2/p_1	t_1	t_2	$t_2 - t_1$
7	0,245	3,350	0,490	3,840	1,15	22,0	38,0	16,0
8	0,222	3,840	0,540	4,380	1,142	34,0	50,0	16,0
9	0,203	4,38	0,492	4,972	1,137	44,0	60	16,0
10	0,183	4,972	0,657	5,629	1,132	52	67,5	15,5
11	0,167	5,629	0,721	6,350	1,130	58	73,4	15,4
12	0,147	6,350	0,817	7,167	1,128	63	77,7	14,7
13	0,135	7,167	0,890	8,057	1,125	65	79,4	14,4
								108,0

II. Gruppe, $h = 1200$ m

Verdichtungsarbeit: $AL = 0{,}24\,(160{,}6 + 108{,}0) = 64{,}5$ kcal/kg.

24. Reibung der umlaufenden Radscheibe.

Jedes Laufrad ist von feststehenden Seitenwänden umgeben, die Spielräume freilassen, so daß die darin befindliche Gasschicht eine bremsende Wirkung hervorruft. Der damit verbundene Arbeitsverlust wird in Wärme umgesetzt.

Nach Versuchen von Stodola berechnet sich die Leistung N_r zur Überwindung dieses Widerstandes aus

$$N_r = \frac{\beta}{10^6} D^2 \cdot u^3 \cdot \gamma, \qquad (52)$$

worin D der Durchmesser des Rades in m, u die äußerste Umfangsgeschwindigkeit in m/sek und γ das spezifische Gewicht des Gases bedeutet, das sich im Zwischenraum befindet.

Der Festwert β liegt zwischen 2,0 und 2,6 und kann im Mittel zu

$$\beta = 2{,}3$$

angenommen werden, falls er nicht durch besondere Versuche gemessen worden ist.
Mit

$$u = \frac{\pi \cdot D n}{60},$$

wird

$$N_r = \left(\frac{\pi n}{60}\right)^3 \cdot \frac{\beta}{10^6} \cdot D^5 \cdot \gamma. \qquad (53)$$

Man erkennt die große Rolle, die der Durchmesser spielt. Es empfiehlt sich daher, den Durchmesser in mäßigen Grenzen zu halten und die Umfangsgeschwindigkeit durch Steigerung der Drehzahl zu erhöhen. Einen großen Einfluß zeigt auch das spezifische Gewicht der umgebenden Luft, das bei vielstufigen Maschinen im Laufe der Verdichtung stark zunimmt und die Reibungsarbeit erhöht. Deshalb verkleinert man den Raddurchmesser gegen die höheren Druckstufen zu, was auch zur Vermeidung zu kleiner Radbreiten geboten ist.

Um die Größe der Reibungsarbeit bewerten zu können, vergleichen wir sie mit der Nutzleistung, d. h. mit dem Produkt aus Fördergewicht G (kg/sek) und der im Rad erzeugten Druckhöhe h (m Gassäule). Dieser verhältnismäßige Reibungsverlust beträgt

$$R = \frac{75 \cdot N_r}{G \cdot h}. \qquad (54)$$

Er ist um so kleiner, je größer G, je größer also die Abmessungen des Gebläses sind. Für kleine Gewichte besteht eine untere Grenze, für die sich der Bau des Scheibenrades nicht mehr lohnt, da die Reibung den größten Teil der Energie wegfrißt.

13. Beispiel: Es soll die Radscheibenreibung für den in Beispiel 11 berechneten 12 stufigen Turbokompressor bestimmt werden, der mit $n = 2150$ Umdrehungen in der Minute läuft.

Für die erste Stufe gelten folgende Zahlenwerte

$$\beta = 2{,}3, \qquad u = 180 \text{ m/sek}, \qquad D = 1{,}6 \text{ m},$$
$$\gamma = 1/0{,}78 = 1{,}3 \qquad h = 2000 \text{ m Luftsäule}, \quad G = 23{,}7 \text{ kg/sek},$$

damit ist

$$N_r = 2{,}3 \cdot 1{,}6^2 \cdot 1{,}8^3 \cdot 1{,}3 = 44{,}5 \text{ PS},$$

$$R = \frac{75 \cdot 44{,}5}{23{,}7 \cdot 2000}, \quad \gamma = 0{,}07 \; (7 \text{ vH}).$$

Für die 12. Stufe ist

$$D = 1{,}5 \text{ m}, \qquad u = 168 \text{ m/sek}, \qquad \gamma = 1/0{,}11 = 9{,}1,$$

$$N = 2{,}3 \cdot 1{,}5^2 \cdot 1{,}68^3 \cdot 9{,}1 = 270 \text{ PS},$$

$$R = \frac{75 \cdot 270}{23{,}7 \cdot 1750} = 0{,}49 \; (49 \text{ vH}).$$

Würde man den Durchmesser dieses Rades auf $D = 1$ m vermindern unter entsprechender Erhöhung der Drehzahl, so würde bei gleicher Umfangsgeschwindigkeit die Reibung vermindert auf

$$N_r = 2{,}3 \cdot 1{,}68^3 \cdot 9{,}1 = 100 \text{ PS},$$

$$R = 0{,}18 \; (18 \text{ vH}).$$

Additional material from *Die Entropietafel für Luft und ihre Verwendung zur Berechnung der Kolben- und Turbo-Kompressoren,*
ISBN 978-3-662-36108-5, is available at http://extras.springer.com

MIX
Papier aus verantwortungsvollen Quellen
Paper from responsible sources
FSC® C105338

If you have any concerns about our products,
you can contact us on
ProductSafety@springernature.com

In case Publisher is established outside the EU,
the EU authorized representative is:
**Springer Nature Customer Service Center GmbH
Europaplatz 3, 69115 Heidelberg, Germany**

Printed by Libri Plureos GmbH
in Hamburg, Germany